HISTOIRE NATURELLE

SOCIÉTÉ ANONYME D'IMPRIMERIE DE VILLEFRANCHE-DE-ROUERGUE
Jules BARDOUX, Directeur.

BIBLIOTHÈQUE DES ÉCOLES PRIMAIRES SUPÉRIEURES

ET DES ÉCOLES PROFESSIONNELLES

Publiée sous la direction de Félix MARTEL, Inspecteur général de l'Instruction primaire.

HISTOIRE NATURELLE

PREMIÈRE ANNÉE)

PAR

E.-L. BOUVIER

PROFESSEUR AGRÉGÉ A L'ÉCOLE SUPÉRIEURE DE PHARMACIE DE PARIS
DOCTEUR ÈS SCIENCES
ANCIEN INSTITUTEUR ET ANCIEN PROFESSEUR D'ÉCOLE NORMALE

PARIS

LIBRAIRIE CH. DELAGRAVE

15, RUE SOUFFLOT, 15

1895

HISTOIRE NATURELLE

ZOOLOGIE

CHAPITRE PREMIER

Notions très élémentaires sur l'organisation de l'Homme (fonctions de relation).

LES FONCTIONS

1. L'*Homme* occupe le premier rang parmi les êtres doués de vie. Comme tous ces êtres, il se nourrit ; comme beaucoup d'entre eux, il est sensible et peut se mouvoir volontairement ; mais il présente plus que tout autre des facultés intellectuelles très développées, et c'est à ces facultés qu'il doit de régner en maître sur tout ce qui l'entoure.

2. Les fonctions accomplies par l'Homme se rangent en deux groupes : les *fonctions de nutrition,* qui servent à entretenir sa vie, et les *fonctions de relation,* qui le mettent en rapport avec les autres êtres.

3. Les fonctions s'exécutent au moyen de certaines parties du corps adaptées à cet effet et désignées sous le nom d'*organes.* Les fonctions de l'Homme étant très variées, son *organisation* sera très complexe ; nous l'étudierons plus tard avec certains détails, et nous nous contenterons d'en donner ici une idée très sommaire.

LES FONCTIONS DE RELATION

4. C'est grâce aux mouvements volontaires que l'Homme peut se mettre directement en relation avec les êtres environnants et ap-précier plus exacte-ment leurs qualités : veut-il connaître la saveur d'un fruit, il le saisit et le porte à sa bouche ; veut-il se rendre un compte exact de la forme d'un corps, il se déplace et va l'exa-miner de près. La *fonction locomotrice* est donc l'auxiliaire indispensable des autres fonctions de relation.

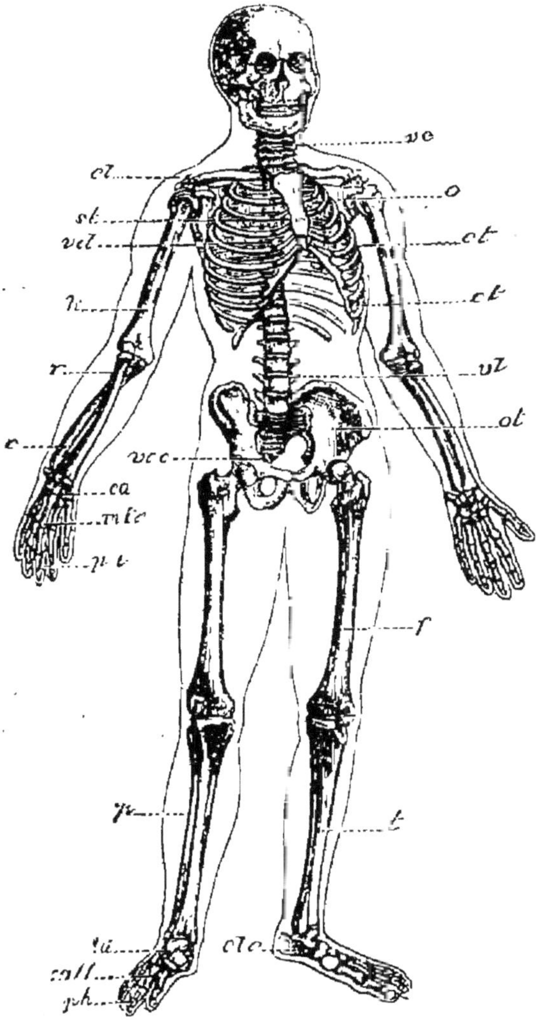

5. Les parties les plus mobiles du corps de l'Homme (fig. 1) sont les *mem bres supérieurs* et les *membres inférieurs,* qui s'insèrent et se meuvent sur le *tronc,* c'est-à-dire sur la partie *centrale* du corps. Le tronc se rattache à la *tête* par l'intermédiaire

Fig. 1.

du cou ; il se compose de deux parties peu distinctes extérieurement, l'une supérieure appelée *thorax* ou *poi-*

trine, l'autre, située au-dessous, et appelée *ventre* ou *ab-domen.*

6. Les diverses parties du corps sont soutenues par un *squelette* solide sur lequel s'insèrent les *masses musculai-res* charnues qui les font mouvoir; le tout est recouvert par la peau.

7. **Squelette.** — Les *os* sont des pièces calcaires et so-lides qui forment le *squelette* ou charpente du corps (fig. 1).

Chez l'Homme cette charpente a pour centre la *colonne vertébrale* (fig. 1, de *vc* à *vcc*), axe osseux qui commence à la tête et qui suit le tronc sur toute sa longueur; on la sent très bien au-dessous de la peau,

Fig. 2.

sur le milieu de la face dorsale du corps. Elle se compose de petits os plats superposés et presque tous mobiles les uns sur les autres; ces os, appelés *vertèbres* (fig. 2), sont traversés par un canal qui parcourt la colonne vertébrale tout entière, sauf la partie inférieure.

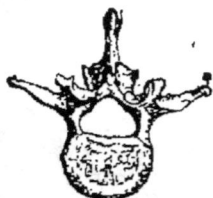

Il y a trente-trois vertèbres chez l'Homme : sept dans le *cou* (fig. 1, *vc*), douze dans le *thorax* (fig. 1, *vd*), les autres dans l'*abdomen* (fig. 1, *vl*). Les vertèbres du thorax portent toutes une paire d'os recour-bés, appelés *côtes* (fig. 1, *ct*), qui s'insèrent en avant sur un os plat (*sternum,* fig. 1, *st*) et li-mitent avec leurs muscles une vaste *chambre thoracique.* Au-dessous de la chambre thora-

Fig. 3.

cique s'en trouve une autre non moins grande, la *cavité ab dominale,* dont les parois musculaires sont dépourvues de côtes. Les deux chambres sont séparées l'une de l'autre par un grand voile musculaire, appelé *diaphragme* (fig. 9, *d*)

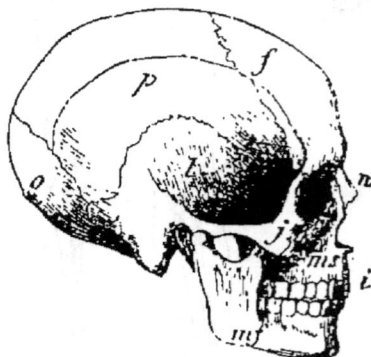

8. La *tête* (fig. 3) surmonte directement la colonne ver-tébrale; elle comprend de nombreux os, dont les uns

servent à former la *face* (*n*, *j*, *mf*, *ms*, *i*) et les autres le *crâne*
(*l*, *o*, *p*, *f*). Le crâne est une sorte de boîte osseuse dont
la cavité communique avec le canal vertébral. Sur le
crâne vient s'articuler et se mouvoir l'os de la *mâchoire
inférieure* (*mf*), le seul qui soit mobile dans la tête ; en
remontant vers le haut, cet os vient rencontrer ceux de la
mâchoire supérieure (*ms*).

9. Les *membres supérieurs* (fig. 1) se rattachent aux
côtes par les *os de l'épaule* (*o*, *cl*), qui sont mobiles. Ils se
composent de l'*humérus* (*h*) ou os du BRAS, des *deux os parallèles* de l'AVANT-BRAS, le *cubitus* (*c*), et le *radius* (*r*), et

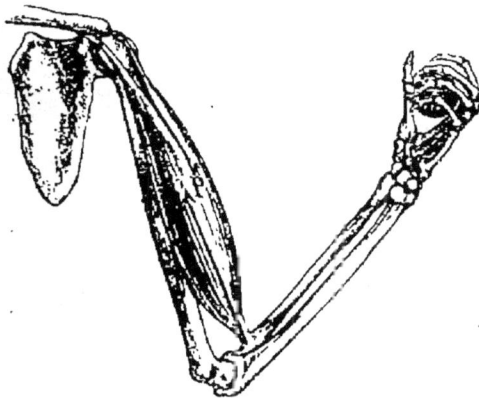

des nombreux osselets
du POIGNET (*ca*) et de
la MAIN (*mtc*, *pi*). Le
bras est mobile sur
l'épaule, l'avant-bras
sur le bras, et la main
sur le poignet.

Les *membres infé-
rieurs* (fig. 1) se rattachent à la colonne ver-
tébrale par les *os du
bassin* (*ot*), qui sont soudés entre eux. Ils res-

Fig. 4.

semblent beaucoup aux membres supérieurs et présentent
les mêmes parties mobiles : la CUISSE correspond au
bras, la JAMBE à l'avant-bras, le COU-DE-PIED au poignet,
et le PIED à la main. On appelle *fémur* (*f*) l'os de la cuisse,
tibia (*t*) et *péroné* (*p*) les deux os parallèles de la jambe,
et *orteils* les doigts du pied (*mtt*, *ph*).

10. **Muscles** (fig. 4). — Les os sont recouverts de faisceaux charnus appelés *muscles*, qui donnent aux diverses régions du corps leurs contours arrondis. Ces faisceaux musculaires constituent la chair des animaux ; ils
se terminent et se fixent sur les os par des parties grêles,
plus claires et plus fermes, appelées *tendons*.

Les muscles sont les agents directs du mouvement :

très élastiques et éminemment contractiles, ils font mouvoir, en se contractant, les os sur lesquels ils s'attachent.

— Exemple : le muscle *biceps* (fig. 4, P) s'insère en haut sur l'épaule et l'humérus, en bas sur l'extrémité humérale du radius; en se contractant, il devient plus court, se renfle et ramène l'avant-bras contre le bras.

11. Système nerveux (fig. 5). — On peut comparer les muscles à des serviteurs excellents, mais timorés et sans initiative : ils fonctionnent à merveille, quand ils y sont poussés par un agent incitateur; sinon ils restent inertes et incapables de produire le moindre mouvement. On donne le nom de *système nerveux* aux organes incitateurs de la contraction musculaire et des autres fonctions.

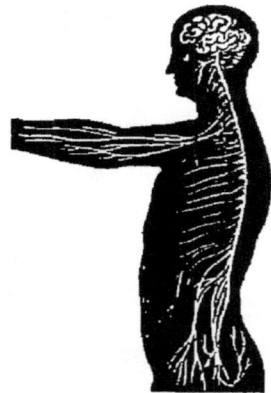

12. Le *système nerveux* se compose d'une partie centrale où sont élaborés les ordres incitateurs, et de cordons ou *nerfs* qui transmettent aux muscles ces ordres. La partie centrale est logée dans le canal continu formé par le crâne et la colonne vertébrale; sa partie crânienne a reçu le nom de *cerveau,* sa partie vertébrale celui de *moelle épinière.* Des *nerfs* assez nombreux partent du cerveau; il en naît aussi une paire de la moelle épinière, au niveau de presque toutes les vertèbres.

Fig. 5. — Cerveau, moelle épinière et nerfs principaux de l'Homme

13. Sensibilité. — Si les nerfs servent à conduire aux muscles l'incitation motrice élaborée par le système nerveux central, ils jouissent aussi du pouvoir de transmettre à ce dernier, et notamment à sa partie essentielle, le cerveau, les *impressions* produites à la surface du corps par les objets extérieurs.

Exemple : voici une belle fleur; elle produit sur mon œil une *impression* que conduit au cerveau le nerf optique; — le cerveau perçoit cette impression, qui devient alors une *sensation;* — comme cette sensation est agréable, elle est suivie du désir de posséder la fleur, et le cerveau, par l'intermédiaire d'autres nerfs, envoie aux muscles du bras et de la main l'incitation motrice qui les contracte pour saisir l'objet convoité.

14. Pour que les impressions soient perçues et se transforment ensuite en sensations, il faut qu'elles se fassent sentir sur certains organes appropriés, auxquels on a donné le nom d'*organes des sens*.

Des cinq sens que possède l'Homme, un seul n'est pas localisé dans un organe spécial, mais appartient plus ou moins également à la surface de la peau tout entière ; c'est le sens du *toucher*. Le sens du *goût* et celui de l'*odorat* occupent déjà des surfaces plus restreintes et deviennent de vrais organes : la langue est l'organe du goût, et le nez celui de l'odorat. Les deux autres organes, ceux de la *vue* et de l'*ouïe*, n'occupent pas une bien grande place sur la tête, mais ils sont d'une perfection extrême et dépassent en complexité tous les autres.

15. **Intelligence.** — C'est également dans le cerveau que se trouve le siège des facultés intellectuelles, mais on ignore absolument comment elles y sont produites. Tout ce que l'on sait, c'est que ces facultés sont susceptibles de se *développer*, qu'elles sont chez l'Homme dominées par la *raison*, et qu'elles se manifestent au dehors sous mille formes diverses, dont une des plus caractéristiques pour l'Homme est le *langage articulé*.

CHAPITRE II

Notions très élémentaires sur l'organisation de l'Homme (fonctions de nutrition).

LES FONCTIONS DE NUTRITION

16. Pour entretenir son existence et pour subvenir aux dépenses multiples qu'entraîne nécessairement l'exercice de ses fonctions de relation, l'Homme est tenu de se nourrir; il ressemble en cela aux machines, qui cessent de produire tout travail dès qu'elles manquent de charbon.

Mais les aliments que l'Homme introduit dans son corps sont rarement propres à être directement utilisés par l'organisme; ils doivent subir d'abord des transformations qui les modifient pour cet usage, et c'est là l'objet essentiel de l'une des fonctions les plus importantes, la *digestion*.

17. **Digestion** (fig. 6). — La digestion s'effectue dans une sorte de tube fréquemment dilaté, qui s'ouvre sur la tête par la *bouche* (a) et à l'extrémité inférieure du tronc par un second orifice, appelé *anus*.

La bouche donne accès dans la *cavité buccale*, à laquelle fait immédiatement suite une autre chambre moins spacieuse et en forme d'entonnoir, l'*arrière-bouche*; après avoir traversé la bouche et l'arrière-bouche, les aliments passent dans un tube étroit, l'*œsophage* (c), qui descend dans le cou et dans le thorax, traverse le diaphragme (fig. 9, d) puis s'ouvre dans une vaste poche appelée *estomac* (fig. 6, d). L'estomac est logé dans la cavité abdominale comme tout le reste du tube digestif; les aliments qui l'ont traversé passent ensuite dans un tube très long et pelotonné, l'*intestin grêle* (*e*), puis dans le *gros intestin* (*f*), qui conduit au dehors, par l'anus, les restes inutilisables des aliments.

18. Dans la bouche, les aliments sont broyés par des *dents* (fig. 7), implantées en une rangée sur chacune des deux mâchoires. Les dents de devant sont en biseau et servent à couper les aliments; on les appelle pour cette raison des *incisives* (I); — celles de derrière sont grosses, présentent une surface large et tuberculeuse et agissent comme des meules pour broyer; on les désigne en conséquence sous le nom de *molaires* (P', P); — entre les incisives et les molaires, on trouve de chaque côté une dent plus ou moins conique, par laquelle sont déchirés certains aliments; cette dent est appelée *canine* (C), parce qu'elle est très développée chez le chien. Les enfants ont 20 dents, qui tombent de bonne heure, et qui sont remplacées par les dents définitives; celles-ci sont au nombre de 32 et comprennent, sur chaque mâchoire, 4 incisives, 2 canines et 10 molaires.

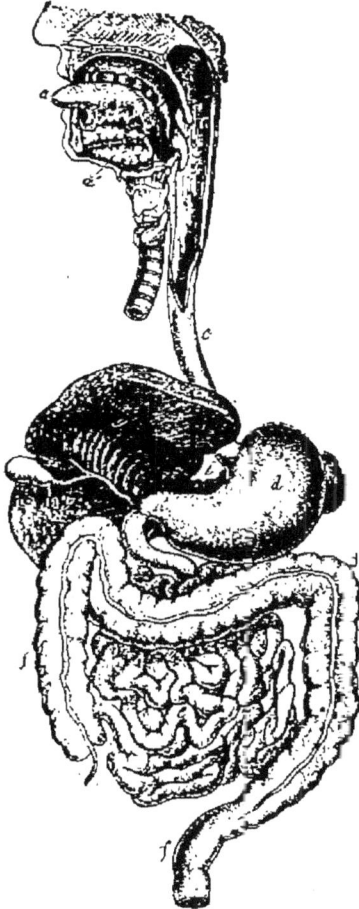

Fig. 6.

19. Au tube digestif sont annexés des organes appelés *glandes,* qui sécrètent — c'est-à-dire produisent — des liquides destinés à transformer les aliments. Il existe six de ces glandes (fig. 6, *a'*) dans les parois de la cavité buccale; elles sécrètent la *salive,* qui humecte les aliments solides, les réduit en une sorte de bouillie et

leur fait subir un commencement de transformation. Cette transformation se continue dans l'estomac, grâce à un liquide particulier que sécrètent les parois de cet organe; elle devient très intense et s'achève dans l'intestin grêle, surtout dans la région où deux autres organes sécréteurs, le *pancréas* fig. 6, *i*) et le *foie* (fig. 6, *g*), viennent déverser leurs produits.

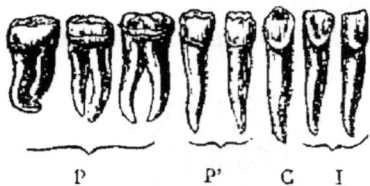

Fig. 7. — Dents du côté droit de la mâchoire inférieure de l'Homme adulte.

20. Absorption. — La partie inutilisable des aliments passe dans le gros intestin pour être expulsée par l'anus; tous les éléments nutritifs utiles restent au contraire dans l'intestin grêle, où ils forment une sorte de liquide plus ou moins blanchâtre, appelé *chyle*.

Dans les parois de l'intestin grêle (fig. 8, *og*) se ramifient abondamment des *vaisseaux*, c'est-à-dire de petits tubes dans lesquels circule le liquide connu sous le nom de *sang*. Par un mécanisme particulier, le chyle traverse les parois de l'intestin, pénètre dans les vaisseaux et arrive de cette manière dans le sang. C'est en cette fonction essentielle que consiste l'*absorption*.

21. Circulation. — Une fois absorbés, les éléments nutritifs se confondent intimement avec le sang, et *circulent* avec lui dans des vaisseaux (fig. 8, *vc*) de plus en plus forts qui aboutissent au cœur. Le *cœur* est un muscle creux et divisé en quatre cavités, deux *oreillettes* (*od*, *og*) et deux *ventricules* (*vd*, *vg*); il est logé (fig. 9, *C*) dans la chambre thoracique, au-dessus du diaphragme (fig. 9, *d*), un peu du côté gauche.

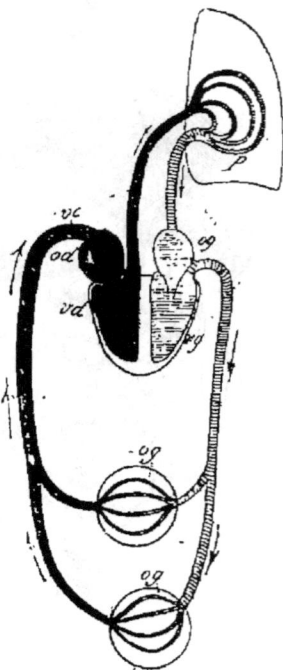

Fig. 8. — Schéma de la circulation chez l'Homme; *og* représente l'intestin et ses vaisseaux.

Le cœur se contracte à intervalles réguliers et, par ses contractions, fait circuler le sang. Chassé du cœur dans des vaisseaux particuliers, ce liquide se répand dans toutes les parties du corps, leur cède ses matériaux nutritifs et se rend ensuite à l'intestin, où il en puisera de nouveaux. Le sang revient ainsi à son point de départ, après avoir circulé dans tout l'organisme (fig. 8 ; le sens du courant circulatoire est indiqué par des flèches).

22. Respiration. — Réduits à eux seuls, les matériaux nutritifs, même absorbés, seraient insuffisants pour entretenir la vie ; comme le combustible qu'on met dans le foyer d'une chaudière, ils ne deviennent utiles qu'en brû-

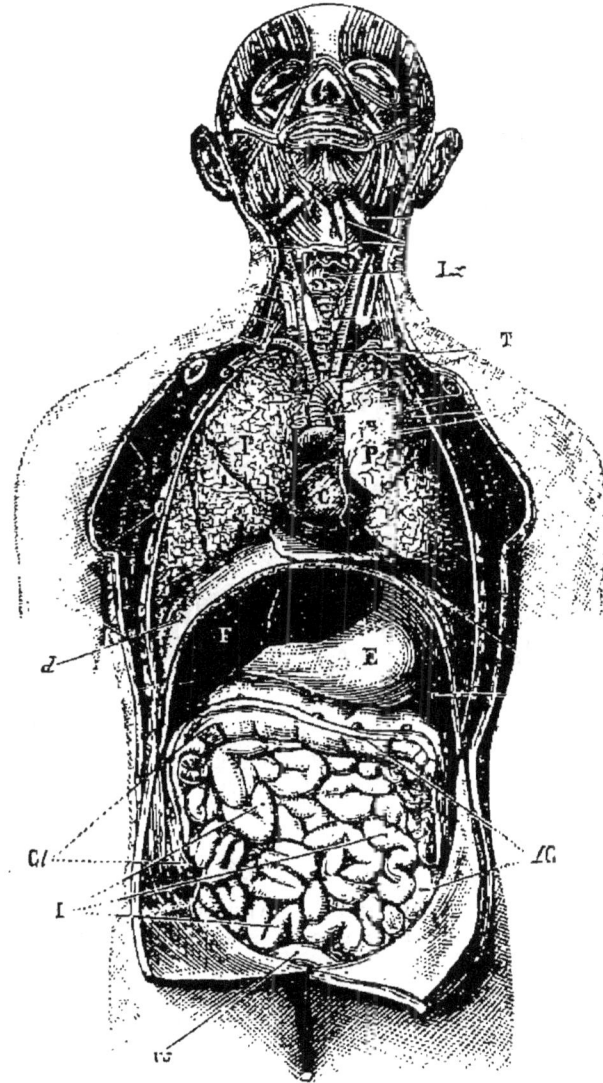

Fig. 9. — Organes du tronc de l'Homme.

Lx, partie supérieure de la trachée-artère servant d'organe de la voix ; — F, foie ; — E, estomac ; — I, intestin grêle ; — Cl, gros intestin ; — vs, vessie urinaire.

lant, c'est-à-dire en se combinant à l'oxygène de l'air. C'est à une nouvelle fonction, la *respiration*, qu'est dévolu ce rôle.

L'air nécessaire à la respiration pénètre dans le corps par le nez et par la cavité buccale; il passe ensuite dans l'arrière-bouche, puis dans un tube rigide, la *trachée-artère* (fig. 9, T), qui est située au-devant de l'œsophage. La trachée-artère se divise dans le thorax en deux branches qui se ramifient elles-mêmes un très grand nombre de fois, de manière à donner deux sortes d'arbres extrêmement touffus. Les rameaux de ces arbres sont creux et se terminent en cul-de-sac; ils sont réunis entre eux par une infinité de vaisseaux qui les enveloppent complètement. Ces organes prennent le nom de *poumons* (fig. 9, P); ils occupent une grande partie de la cavité thoracique, et l'air qu'ils renferment se renouvelle constamment sous l'action des mouvements de contraction et de dilatation de cette chambre.

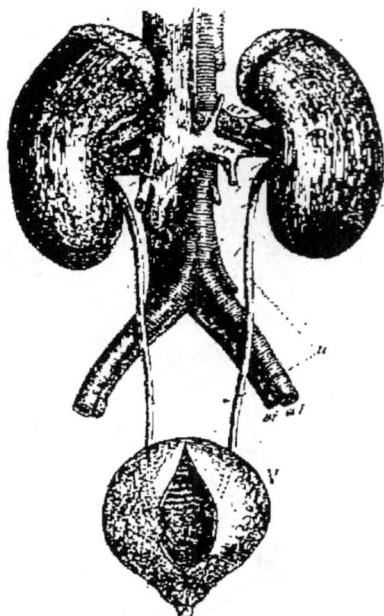

Fig. 10. — Appareil rénal de l'Homme et ses vaisseaux (*ar, ai, vr, vi*).

R, reins : — *v*, canaux de l'urine; V, vessie urinaire ouverte.

23. Le sang des poumons (fig. 8, *p*) emprunte à l'air une partie de son oxygène, puis se rend au cœur et de là dans toutes les parties du corps. Chemin faisant, il cède à l'organisme les éléments nutritifs qu'il a puisés dans l'intestin et l'oxygène qu'il a tiré des poumons.

La combinaison de l'oxygène, soit avec les aliments nutritifs, soit avec la matière vivante elle-même, est une vraie combustion, qui se produit avec dégagement de chaleur et de gaz carbonique. La chaleur ainsi produite maintient le corps à une température de 37°. Quant au gaz carbonique, il est entraîné par le sang et arrive de la sorte aux poumons, où il se dégage et cède la place à une nouvelle quantité d'oxygène.

24. Excrétion. — Le gaz carbonique est un important produit de déchet, mais ce n'est pas le seul. En se combinant avec l'oxygène et avec les éléments nutritifs, la matière vivante entretient sa vitalité, mais aussi donne naissance à de nombreux produits que l'organisme ne saurait conserver sans danger. Le rôle de la fonction d'*excrétion* est de séparer ces produits du sang et de les rejeter au dehors.

25. L'urine et la sueur sont les deux produits d'excrétion les plus importants. L'*urine* est séparée du sang par deux organes situés dans la cavité abdominale et désignés sous le nom de *reins* (fig. 10, R). La *sueur* est sécrétée dans des glandes en tubes et rejetée par la peau.

La *bile* du foie est aussi un produit d'excrétion, mais elle exerce en outre une influence sur la digestion des aliments.

CHAPITRE III

Grandes divisions du règne animal. — Vertébrés. — Mammifères. — Les Rongeurs : Rats, Souris, Mulots, Campagnols, Écureuils, Marmottes, Loirs, Lapins, Lièvres.

LES TROIS RÈGNES DE LA NATURE; LES EMBRAN-CHEMENTS DU RÈGNE ANIMAL; LES DIVISIONS OU CLASSES DE L'EMBRANCHEMENT DES VER-TÉBRÉS.

26. Les trois règnes de la nature. — Naître, se nourrir, s'accroître et mourir, telle est la destinée physique de l'Homme; telle est aussi celle de tous les êtres vivants, depuis le Lion jusqu'à la plus frêle des plantes.

Mais entre le Lion et la plante existent de bien grandes différences. Le Lion est sensible comme l'Homme et, comme lui aussi, peut se mouvoir volontairement; la plante, au contraire, paraît insensible et reste toujours sans mouvement propre. Ces différences sont fondamentales : tous les êtres animés doués de sensibilité et de mouvement sont des *animaux,* et leur ensemble constitue le *règne animal;* — tous ceux qui sont immobiles et insensibles sont appelés *végétaux* ou plantes et constituent le *règne végétal.*

Il y a un troisième règne de la nature. Une pierre est un être, mais elle est inerte, dépourvue de vie et incapable de s'accroître d'elle-même; elle restera toujours ce qu'elle est aujourd'hui, si nulle cause extérieure ne vient la modifier. Tous les êtres qui sont inertes comme la pierre sont rangés dans le *règne minéral.*

L'histoire naturelle a pour objet l'étude des trois règnes

de la nature : on appelle *zoologie* l'étude des animaux, *botanique* celle des végétaux, *minéralogie* celle des minéraux.

27. Les embranchements du règne animal. — Le règne animal comprend des animaux très variés.

Quand on mange un Poisson, on écarte avec soin les arê-

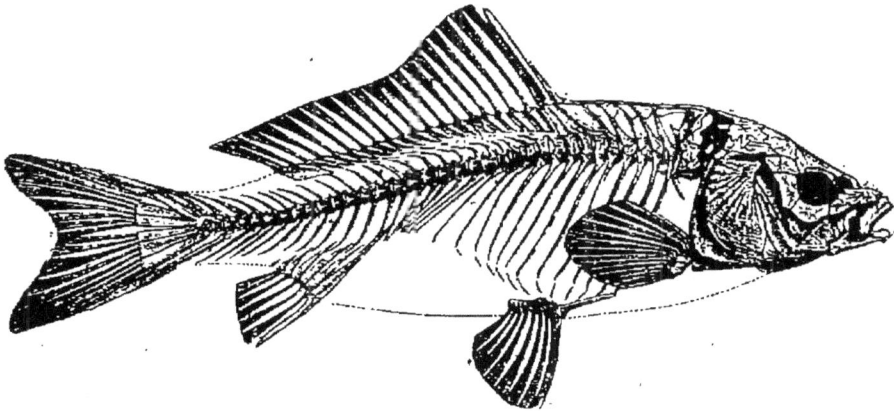

Fig. 11. — Squelette de poisson (Carpe). Long., 40 cent.

tes dont sa chair est remplie ; mais on ne fait rien de pareil s'il s'agit d'un Escargot ou d'une Huître, parce qu'il n'y a pas de charpente solide à l'intérieur du corps de ces animaux. Les arêtes du Poisson ne sont rien autre chose que le squelette (fig. 11) osseux de l'animal ; ce squelette est caché à l'intérieur du corps, comme celui de l'Homme, et, comme celui de

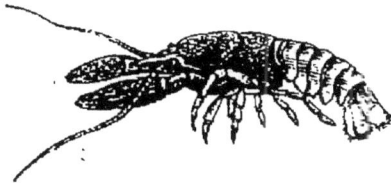

Fig. 12. — Écrevisse.
Long., 10 cent.

l'Homme aussi, il est soutenu par une colonne vertébrale osseuse. Les animaux à vertèbres, comme le Poisson, forment, dans le règne animal, le groupe désigné sous le nom d'*embranchement des Vertébrés*.

L'Escargot et l'Huître sont des animaux dépourvus de charpente interne et, par conséquent, de vertèbres. Les animaux sans vertèbres forment à eux seuls plusieurs embranchements, dont les spécimens les plus remarquables sont l'Écrevisse, la Sangsue, l'Escargot et le Corail

L'Écrevisse (fig. 12) se déplace au moyen de pattes qui sont formées d'articles placés bout à bout et mobiles les uns sur les autres ; comme tous les animaux dont les pattes sont formées d'*articles,* elle appartient à l'*embranchement des Articulés.*

Fig. 13. — Sangsue.
Long., 10 cent.

La Sangsue (fig. 13) n'a pas de pattes, et déplace par des mouvements d'ensemble son corps mou et allongé. La Sangsue et tous les animaux qui lui ressemblent sont rangés dans l'*embranchement des Vers.*

L'Escargot (fig. 14) est mou et dépourvu de pattes comme le Ver ; mais il se déplace à l'aide des mouvements d'une partie de son corps qui joue le rôle de pied, et il s'abrite en outre dans une coquille. On

Fig. 14. — Escargot des vignes.
Diamètre, 3 cent.

range dans l'*embranchement des Mollusques* tous les invertébrés à corps mou qui ont, au moins dans leur jeune âge, un pied et une coquille.

Le Corail (fig. 15) a été pris longtemps pour une plante, parce qu'il se ramifie comme un arbre et parce qu'il porte sur ses rameaux de petits individus semblables à des fleurs. Le Corail, et tous les animaux qui ressemblent à des plantes ou à des fleurs, sont réunis dans l'*embranchement des Zoophytes,* c'est-à-dire des *animaux à forme de plantes.*

Fig. 15. — Corail.
Hauteur, 20 cent.

Les Vertébrés, les Articulés, les Vers, les Mollusques et les Zoophytes forment les cinq embranchements principaux du règne animal.

28. Subdivision en classes de l'embranchement des Vertébrés. — Tous les Vertébrés sont loin de se ressembler entre eux. Le Lapin, le Pigeon, le Lézard, la Grenouille et la Carpe sont des Vertébrés, parce qu'ils ont tous une colonne vertébrale; mais ils diffèrent tellement

Fig. 16. — Pigeon. Long., 30 cent.

Fig. 17. — Lézard. Long., 25 cent.

les uns des autres qu'il a fallu ranger chacun d'eux dans un groupe différent.

Le Lapin (fig. 20) appartient au groupe des *Mammifères,*

Fig. 18. — Grenouille. 18 cent. jusqu'au bout des pattes.

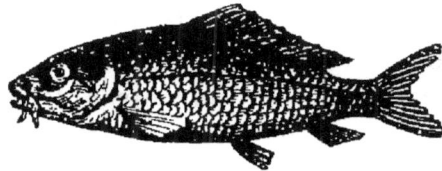

Fig. 19. — Carpe. Long., 40 cent.

comme tous les Vertébrés qui ont des poils et qui allaitent leurs petits avec le lait de leurs *mamelles.*

Le Pigeon (fig. 16) se range parmi les *Oiseaux,* comme tous les animaux qui ont des plumes.

Le Lézard (fig. 17) appartient au groupe des *Reptiles,* comme tous les animaux terrestres qui sont revêtus d'écailles.

La Grenouille (fig. 18) est un *Batracien,* comme tous

les Vertébrés à peau nue qui recherchent l'eau ou les endroits humides.

Enfin la Carpe (fig. 19) se range parmi les *Poissons,* comme tous les animaux aquatiques dont le corps est couvert d'écailles.

Les Mammifères, les Oiseaux, les Reptiles, les Batraciens et les Poissons forment les cinq groupes ou *classes* de l'embranchement des Vertébrés.

MAMMIFÈRES : LES RONGEURS

29. Le Lapin est un mammifère; caractères des Mammifères. — Le *Lapin* (fig. 20) est un quadrupède, c'est-à-dire un animal à quatre pattes; son corps est recouvert par un poil fin et serré. Au moment où elles vont donner naissance à leurs nombreux petits, les femelles arrachent une partie du poil de leur ventre et en font un nid où elles déposent leur progéniture. Les Lapins qui viennent de naître sont à peine plus gros que le pouce; faibles, aveugles et à peu près nus, ils sont hors d'état de pourvoir à leurs besoins et ils périraient infailli-

Fig. 20. — Lapin.

blement sans les soins de leur mère. Celle-ci ne se contente pas de leur donner son duvet et de les réchauffer; elle les nourrit du lait de ses mamelles, et c'est un spectacle curieux que de voir toute la nichée s'agiter et prendre sa nourriture sous le ventre de la mère.

30. Comme le Lapin, la plupart des *Mammifères* ont quatre pattes et donnent naissance à des petits très faibles; tous sont pourvus de mamelles, tous nourrissent leurs petits du lait de ces mamelles, tous aussi ont des poils, respirent à l'air et conservent une température élevée et constante.

31. Le Lapin est un rongeur. — Le Lapin a la queue courte, les oreilles et les pattes de derrière longues. C'est un animal fouisseur qui creuse avec ses pattes de profonds terriers où il se cache et élève ses petits ; il se nourrit de matières végétales et se développe très vite. Les Lapins sauvages, plus connus sous le nom de *Lapins de garenne,* deviennent parfois si nombreux qu'ils causent de sérieux ravages.

Fig. 21. — Demi-mâchoire supérieure de Lapin vue en dessous.

Le *Lapin domestique* est élevé pour la table dans des caisses à claire-voie, appelées *clapiers.* Son poil est recherché pour la fabrication des chapeaux de feutre.

Quand le Lapin est enfermé dans des clapiers en bois, il sort parfois de sa prison en y faisant des trous avec les dents dont sa bouche est armée. Il présente en effet (fig. 21) à chaque mâchoire deux incisives puissantes et taillées en biseau, qui agissent les unes contre les autres à la manière de pinces coupantes. Ses molaires sont serrées, plates et armées de crêtes transversales ; elles ressemblent à une lime et servent à broyer les parties solides qu'ont détachées, en grignotant, les incisives.

Fig. 22. — Crâne de rongeur.

32. On donne le nom de *Rongeurs* à tous les mammifères dont la dentition (fig. 22) ressemble à celle du Lapin. Les canines n'existent pas chez les Rongeurs et sont remplacées par un espace vide appelé *barre.*

33. Lièvres. — Le *Lièvre* est un rongeur qui ne se laisse pas domestiquer. Ses oreilles et ses pattes de derrière sont encore plus longues que celles du Lapin, mais il ne vit pas en société comme ce dernier, ne creuse pas de terrier et choisit pour retraite un simple sillon ; ses petits sont peu nombreux, assez forts et abandonnent très vite leurs parents. Sa chair est plus foncée et plus savoureuse que celle du Lapin.

34. Marmottes et Loirs. — La *Marmotte* et le *Loir* sont deux rongeurs qui possèdent la propriété remarquable

Fig. 23. — Marmotte. Long., 35 cent. [1].

Fig. 24. — Loir. Long., 15 cent.

de passer l'hiver dans un état de léthargie qu'on appelle *sommeil hibernal*. Pendant cette période l'animal maigrit beaucoup, parce qu'il consomme peu à peu la graisse qu'il avait accumulée durant la belle saison.

La *Marmotte* (fig. 23) habite les hautes régions montagneuses. Le *Loir* (fig. 24) et le *Lérot* sont des animaux légers et gracieux, ornés d'une longue queue touffue ; ils se nourrissent surtout de fruits et dévastent les vergers.

35. Écureuil. — L'Écureuil (fig. 25) a une queue plus touffue que le Loir. A l'aide de ses griffes, il grimpe avec agilité sur les arbres et arrive jusqu'aux extrémités des rameaux pour

Fig. 25. — Écureuil. Long., 20 cent.

y cueillir les fruits, surtout les noisettes et les noix, dont il fait sa nourriture. Quand il mange, il se tient assis sur les pattes de derrière.

36. Campagnols. — Les *Campagnols* ou *rats des champs*

1. Chez les Mammifères, on ne comprend pas la queue dans la longueur du corps.

(fig. 26) sont des rongeurs à forme lourde, dont la peau est couverte de poils assez courts ; ils vivent dans d'étroits terriers, où ils entassent fréquemment des tiges et des épis de blé. Ce sont des animaux très redoutables pour les moissons.

37. Rats, Souris, Mulots. — Les Rats, les Souris et les Mulots se distin-

Fig. 26. — Campagnol Long., 8 cent.

guent aisément des Campagnols par leur forme légère et par leur queue écailleuse.

Le *Mulot* a les mêmes habitudes que le Campagnol et ne cause pas moins de dégâts. Il est à peu près de même taille que la *Souris* (fig. 27), mais celle-ci recherche de préférence les habitations, où elle grignote tout ce qu'elle peut atteindre.

Le *Rat* s'attaque également à toute nourriture comme la Souris,

Fig. 27. — Souris. Long., 6 cent. 1/2.

mais il cause plus de dommages, parce qu'il est beaucoup plus gros. L'ancien *Rat noir* indigène a été chassé au siècle dernier par le *Surmulot,* espèce plus carnassière et plus forte qui nous vient d'Asie. C'est par légions que le Surmulot se rencontre aujourd'hui dans les villes.

CHAPITRE IV

Mammifères : Carnassiers, Insectivores et Chéiroptères ou Chauves-souris.

LES CARNASSIERS

38. Le Chat est un carnassier. — Le *Chat* (fig. 28) est un mammifère comme le Lapin, mais il a un régime et des

Fig. 28. — Jeune Chat jouant.

habitudes bien différentes. Ce qui lui plaît, c'est la chair des autres animaux et ce sont surtout ces animaux eux-mêmes ; mettez un bon chat en présence de son *mou* journalier et d'une souris vivante, vous le verrez se précipiter sur cette dernière et en faire un repas délicieux. Le Chat est l'animal carnassier par excellence, et il ne le cède en rien, sous ce rapport, à ses frères puissants et sauvages, le Lion et le Tigre.

Mais aussi, comme il est bien organisé pour satisfaire

ses appétits de chasseur! Il a des membres agiles, des griffes acérées (fig. 29), des muscles puissants pour mettre en mouvement sa mâchoire inférieure et, sur cette mâchoire comme sur la supérieure, des dents faites pour broyer les chairs. La dentition du Chat (fig. 30) est une merveille de perfection et de simplicité : les incisives sont très petites et ne servent guère qu'à saisir la proie, mais les canines sont réellement énormes et, comme des poignards acérés, s'enfoncent dans les chairs ; les molaires sont peu nombreuses, mais elles sont très coupantes et, en rencontrant celles de la mâchoire opposée, elles agissent et tranchent comme les lames d'une paire de ciseaux (fig. 31).

Fig. 29. — Griffe de Chat, à gauche relevée, à droite étendue.

Fig. 30. — Dentition du Chat.

Fig. 31. — Entre-croisement des grosses molaires du Chat.

39. Caractères des Carnassiers. — On appelle *Carnassiers* tous les mammifères qui ressemblent au Chat par leurs habitudes et par leur organisation. Les Carnassiers sont presque toujours très agiles et préfèrent à tout la chair des autres animaux; ils présentent trois sortes de dents, des incisives assez réduites, des canines longues et pointues et des molaires tranchantes. Leurs doigts, comme ceux des Rongeurs, sont terminés par des griffes plus ou moins aiguës.

Le Chien, le Loup, le Renard, la Martre, la Fouine, la Belette, la Loutre, le Blaireau et l'Ours sont, comme le Chat, des mammifères carnassiers.

40. Le Chien, le Loup et le Renard. — Le *Chien* est déjà moins carnassier que le Chat; il se contente volontiers de chair morte et accepte même le pain et les légumes qu'on lui donne à la maison. Aussi ses incisives sont-elles plus fortes que celles du Chat, ses canines moins

longues et moins acérées, ses molaires plus nombreuses,
moins tranchantes et plus propres à broyer les os (fig. 32).
Le Chien est le plus intelligent et le plus fidèle de tous
les animaux domestiques.

Le Loup et le Renard ressemblent au Chien par leur
organisation, mais vivent à l'état sauvage. Le
Loup est un peu plus grand que le Chien; il a la queue pendante, les yeux obliques et les oreilles dressées; c'est un solitaire qui erre

Fig. 32. — Demi-mâchoire supérieure de Chien, vue en dessous.

dans les bois et qui s'attaque plus volontiers aux petits
animaux domestiques qu'à l'Homme. Les Loups sont rares
en France aujourd'hui; dans les pays où ils sont nombreux, ils se réunissent parfois en bandes et deviennent alors très redoutables.

Le *Renard* (fig. 33) se reconnaît aisément à sa queue longue, à son museau étroit, et à la pupille de ses yeux qui est linéaire et non arrondie comme celle du Chien et du Loup. C'est

Fig. 33. — Renard. Long., 70 cent.

l'ennemi-né de la volaille et des autres animaux de basse-
cour; agile et rusé, il se creuse des terriers à plusieurs
issues et ne part en chasse qu'à la faveur de l'obscurité.

41. La Martre, la Fouine et la Belette. — Le Chat
n'appuie pas ses griffes sur le sol; afin de les conserver plus aiguës, il les relève quand il n'a pas à s'en ser-

vir, les cache sous ses poils et fait, comme on dit, *patte de velours* (fig. 29). Le Chien, le Loup et le Renard laissent poser, au contraire, leurs griffes sur le sol, et ressemblent en cela à la Martre, à la Fouine et à la Belette; seulement ces derniers savent les conserver plus aiguës, et cela suffit pour indiquer qu'ils ont un régime plus carnassier.

Fig. 34. — Fouine. Long., 43 cent.

Ces animaux ont le corps très allongé; ils sont bas sur pattes et possèdent une agilité extraordinaire. Les *Martres* ont la queue touffue, un beau pelage, et vivent dans les bois; une de leurs espèces, la *Fouine* (fig. 34), se tient au voisinage des habitations et ravage les basses-cours.

Les *Putois* ont la queue courte et répandent une odeur désagréable. Le *Putois commun* a les mêmes habitudes que la Fouine et doit être poursuivi comme elle; quant à la *Belette* (fig. 35), c'est une sorte de Putois tout petit qui nous est utile en détruisant les rongeurs nuisibles.

Fig. 35. — Belette. Long., 16 cent.

42. La Loutre. — La *Loutre* (fig. 36) est un excellent nageur; ses pieds, dont les doigts sont réunis par une membrane, lui servent de rames, et sa queue légèrement comprimée joue le rôle de gouvernail. Elle habite le bord des eaux et détruit de nombreux poissons.

43. Le Blaireau et l'Ours. — Au lieu de marcher sur le bout des doigts, comme les animaux précédents, le Blaireau et l'Ours appuient sur le sol toute la plante du pied (fig. 37); en d'autres termes, au lieu d'être *digitigrades* comme le Chat et la Loutre, ils sont franchement *plantigrades*. Ce sont des animaux plus lourds et beau-

coup moins gourmands de chair que les autres carnassiers.

Le *Blaireau* habite des terriers et en sort la nuit pour
aller en quête
de sa nour-
riture ; c'est
un animal bas
sur pattes et
à queue allon-
gée. On utilise
sa fourrure.

Les *Ours*
sont beaucoup
plus grands
que le Blai-
reau ; leurs
membres sont
assez allon-

Fig. 36. — Loutre. Long., 70 cent.

gés, mais leur queue est très courte et ils grimpent facilement sur les arbres. L'*Ours brun* (fig. 38) habite en France

Fig. 37. — Pied pos-
térieur d'Ours brun,
face inférieure.

Fig. 38. — Ours brun. Long., 1ᵐ,40.

les Pyrénées et les Alpes ; il accepte toute sorte de nourriture, comme le Blaireau, et recherche particulièrement
le miel. L'*Ours blanc* des régions polaires est beaucoup
plus carnassier et infiniment plus redoutable. La chair et
la fourrure des Ours sont estimées

2.

LES INSECTIVORES

44. La Taupe; caractères des Insectivores. — La
Taupe (fig. 39) est un animal méconnu, que détruisent bien
à tort les cultivateurs. On lui
en veut de creuser des galeries dans le sol, de faire çà
et là quelques taupinières, et
de couper, chemin faisant, un
certain nombre de racines.
Mais sait-on bien pourquoi
elle effectue tant de travail,
pourquoi elle remue tant de
terre avec ses puissants membres antérieurs, pourquoi en-
fin, presque aveugle, elle passe sa vie dans des souterrains obscurs?

Fig. 39. — Taupe. Long., 10 cent.

C'est pour faire la chasse aux insectes du sol, surtout au
ver blanc du Hanneton, qui cause de bien autres méfaits.
La Taupe est, en somme, un ani-
mal carnassier et elle possède
toutes les dents des Carnassiers
les plus typiques ; mais, comme
elle se nourrit presque exclusivement d'insectes, c'est-à-dire
d'animaux petits et à peau dure,
ses molaires cessent d'être tranchantes et se couvrent de petits
tubercules pointus (fig. 40). La
Taupe est donc un animal utile ; elle ne cause de dommages sérieux que dans les potagers.

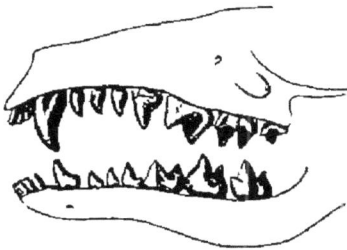

Fig. 40. — Dentition de la Taupe
vue de côté.

45. Tous les mammifères qui se nourrissent d'insectes, comme la Taupe, et qui ont comme elle trois sortes
de dents et des molaires couvertes de tubercules pointus,
sont rangés dans le groupe des *Insectivores*.

46 **La Musaraigne.** — La *Musaraigne* (fig. 41) est un

insectivore fouisseur non moins utile que la Taupe. Elle a le pelage des souris et leur ressemble beaucoup dans ses allures ; mais son museau est beaucoup plus long, ses yeux sont bien plus petits, et sa dentition est celle des insectivores. Il faut se garder de faire la chasse à ce petit animal.

47. Le Hérisson. — Le *Hérisson* (fig. 42) est moins

Fig. 41. — Musaraigne. Long., 5 cent.

franchement insectivore que la Musaraigne ; comme il est beaucoup plus grand, il peut s'attaquer à des animaux de plus grande taille, même aux serpents les plus venimeux. Bien qu'il consomme quelques fruits, c'est un animal très utile, et il est fâcheux qu'on le poursuive. Toute la surface dorsale de son corps est couverte de piquants, qui se dressent dès que l'animal se roule en boule pour se soustraire à ses ennemis. C'est un in-

Fig. 42. — Hérisson. Long., 35 cent.

sectivore nocturne et hibernant comme la Musaraigne ; il se cache pendant la belle saison dans les haies.

LES CHAUVES-SOURIS

48. Caractères des Chauves-souris (fig. 43). — Quand arrivent les beaux jours, on voit voler autour des chaumières, à l'heure du crépuscule, de petits êtres largement ailés qui tournoient et fendent l'air sans bruit. Ces êtres sont connus sous le nom de Chauves-Souris ; ils volent comme les oiseaux, mais ils ont des mamelles et des poils comme tous les mammifères.

Ce sont, en effet, des mammifères, mais ils sont capables de voler, et possèdent à cet effet deux vastes ailes membraneuses. Ces ailes sont formées par un repli de la peau qui réunit entre eux les membres et la queue, et qui s'étend même entre les doigts démesurément allongés de la main. Le pouce et tous les doigts des pieds restent courts et en dehors de la membrane ; ils permettent aux Chauves-Souris de marcher sur le sol ou de se suspendre aux anfractuosités des rochers.

Ce sont des animaux hibernants et nocturnes, qui se cachent de préférence dans les grottes, où on les trouve parfois réunis en nombre considérable.

Fig. 43. — Chauve-Souris Oreillard. Envergure, 10 cent.

49. Chauves-Souris de nos pays. — Les Chauves-Souris de nos pays se nourrissent de toutes sortes d'insectes et possèdent les mêmes dents que les insectivores. Ce sont des animaux doux et très utiles ; on devrait punir les méchants et les sots qui les détruisent.

Les organes des sens de ces animaux, à l'exception des yeux, sont très développés et leur permettent de se diriger en l'absence de toute lumière.

CHAPITRE V

Mammifères : Ruminants et Porcins.

LES RUMINANTS

50. Le Bœuf (fig. 44) est un ruminant. — Quand le *Bœuf* est mis au vert dans une grasse prairie, il ne cesse

Fig. 44. — Bœuf (taureau).

de paître jusqu'à ce qu'il soit rassasié ; après quoi, il va tranquillement sommeiller dans un coin en remuant ses mâchoires. Comment peut-il manger si vite ? et pourquoi remue-t-il ensuite ses mâchoires ?

Quand le Bœuf est en pâture, il se dispense de broyer l'herbe tondue, et l'avale immédiatement pour l'entasser dans son estomac. Il peut ainsi manger très vite ; mais,

comme les aliments n'ont été ni broyés ni humectés suffisamment de salive, l'animal les ramène dans sa bouche
pour les triturer
avec soin et les in-
saliver complète-
ment. C'est à cette
opération impor-
tante que se livre
le Bœuf quand il
remue ses mâchoi-
res en sommeil-
lant; on dit alors
qu'il *rumine*, et on
l'appelle pour cette
raison un *ruminant*.

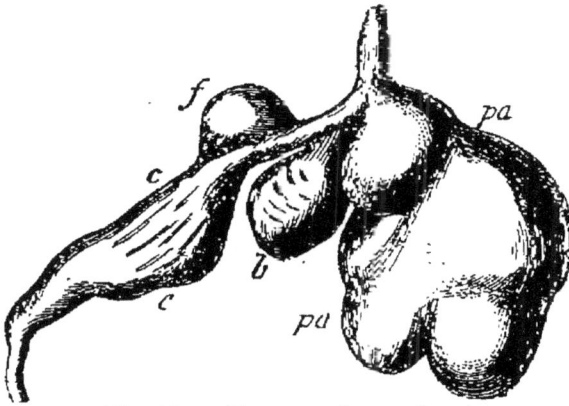

Fig. 45. — Estomac de ruminant.

L'estomac (fig. 45) du Bœuf se compose de quatre po-

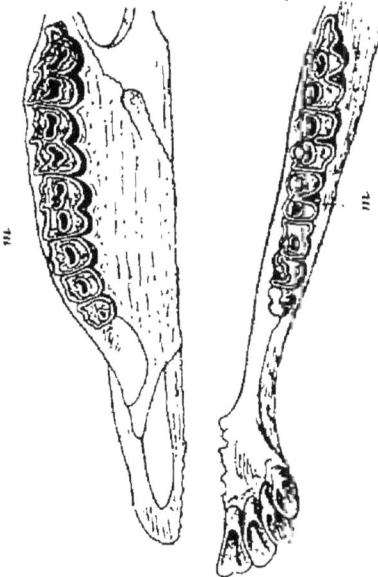

Fig. 46. — Dentition de ruminant (Mouton) à gauche, demi-mâchoire supérieure
à droite, demi-mâchoire inférieure.

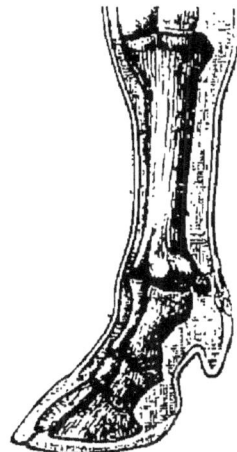

Fig. 47. — Pied de Bœuf
vu de côté.

ches dont deux, le *bonnet* (*b*) et surtout la *panse* (*pa*), ser
vent à emmagasiner les herbes fraîchement tondues, tan-

dis que les deux autres, le *feuillet* (*f*) et la *caillette* (*c*), les reçoivent après la rumination et les imprègnent du suc digestif qu'elles sécrètent. Le Bœuf (fig. 46) n'a d'incisives que sur la mâchoire inférieure; ses incisives sont taillées en biseau et coupent aisément l'herbe en s'appuyant contre la gencive supérieure. Les canines n'existent pas; quant aux molaires (*m*), elles se terminent par une surface plane et munie de rubans saillants, qui broient les herbages quand, pendant la rumination, les molaires inférieures viennent frotter, comme des meules, contre les supérieures.

Les membres du Bœuf se terminent par deux doigts logés dans des sabots cornés (fig. 47). Ces doigts s'appuient seuls sur le sol; ils sont placés côte à côte et donnent aux extrémités de l'animal l'apparence de *pieds fourchus*.

51. Caractères des Ruminants. — Le Mouton, la Chèvre et le Cerf ruminent comme le Bœuf et sont rangés avec lui dans le groupe des *Ruminants*. Ils sont dépourvus de canines, présentent des incisives sur la mâchoire inférieure et des molaires à rubans saillants sur les deux mâchoires; leur estomac est divisé en quatre compartiments; enfin leurs membres se terminent par deux doigts contigus et enclavés dans des sabots.

Les Mammifères à sabots, comme les Ruminants, sont désignés sous le nom d'*ongulés;* les Mammifères à griffes, comme tous ceux que nous avons étudiés jusqu'ici, se nomment au contraire *onguiculés*.

52. Bêtes bovines. — On donne le nom de *bêtes bovines* à tous les Ruminants qui ont, comme le Bœuf, un mufle nu, large et humide, un repli pendant de la peau sous le cou et des cornes dirigées de côté et vers le haut. Les bêtes bovines sont de grande taille; elles ne sont représentées dans nos pays que par une seule espèce, le *Bœuf domestique,* qui vivait jadis à l'état sauvage dans les forêts de l'Europe.

Le Bœuf mâle, ou *Taureau,* est souvent méchant et d'un caractère indocile; mais quand on a fait disparaître ces défauts, il devient une bête de travail très précieuse. La femelle, ou *Vache,* nous donne du lait; comme le Bœuf, elle est aussi un animal de boucherie et fournit aux tanneurs une peau estimée. Les jeunes sont appelés *Veaux;* ils sont déjà très forts au moment de leur naissance, et on peut se contenter de leur faire téter ou boire, pendant quelques semaines, le lait de la mère.

53. Les Moutons ou bêtes ovines. — Les *Moutons,* ou *bêtes ovines,* se distinguent du Bœuf par leur taille plus faible, par leurs poils frisés et par leur mufle étroit; les

Fig. 48. — Mouton mérinos (bélier).

mâles, ou *béliers,* sont armés de cornes puissantes qui se dirigent en arrière, puis reviennent en avant en décrivant une spirale (fig. 48).

Les poils frisés des Moutons constituent la *laine* et forment une *toison* épaisse qu'on coupe chaque année au printemps; après quelques années d'élevage, l'animal est livré à la boucherie.

La femelle du Mouton est appelée *Brebis;* elle est ordinairement très douce et dépourvue de cornes; avec son lait on fabrique d'excellents fromages, ceux de Roquefort notamment. Les jeunes moutons, ou *Agneaux,* doivent téter pendant six semaines le lait de la Brebis.

54. Les Chèvres. — Les *Chèvres* (fig. 49) ressemblent beaucoup aux Moutons, mais celles qu'on élève dans nos pays sont bien plus hautes sur pattes, et leur poil n'est

pas frisé; les cornes des Chèvres se dirigent en haut et
en arrière, et sous le menton de l'animal pend une barbi-
che qui manque au Mouton.

La Chèvre est plus recherchée pour son lait que pour
sa chair; elle est rustique et
très agile, aussi rend-elle de
grands services dans les pays
de montagnes escarpées, où
Moutons et Bœufs ne sau-
raient trouver leur nourriture.
Les mâles, ou *boucs,* répandent
une odeur désagréable; les jeunes sont appelés *chevreaux.*

55. Les Cerfs. — Les Cerfs
se distinguent de tous les ruminants qui précèdent par la
nature de leurs cornes. Chez

Fig. 49. — Chèvre. Long., 1 mètre.

le Bœuf, le Mouton et la Chèvre, les cornes ne tombent
jamais; elles sont creuses et coiffent, comme un étui,
un prolongement des os du front; —
chez les cerfs, au contraire, les cornes (fig. 50) se renouvellent chaque
année au printemps; elles sont plei-
nes, dures, et, au moment de leur chute,
se détachent au niveau du front; on
leur donne le nom de *bois,* parce
qu'elles se compliquent fréquemment
avec l'âge et se divisent comme les
rameaux d'un arbre.

On appelle communément cerfs tout
un groupe d'animaux élégants et agiles, à poil luisant et à pattes grêles,
qui est représenté dans les forêts
de nos pays par le *Cerf commun,* par le *Chevreuil* et par
le *Daim.*

Fig. 50. — Tête de Daim.
Long. de l'animal,
1m,30.

Le *Cerf commun* est de grande taille, son pelage est uni-
forme, et ses bois sont arrondis et très ramifiés; le *Che-*

vreuil (fig. 51) est beaucoup plus petit, et ses bois n'ont que trois rameaux ; enfin le *Daim* (fig. 50) se distingue des deux espèces précédentes par sa taille moyenne, par ses bois aplatis à l'extrémité et par les taches blanches qui ornent sa robe en été.

Fig. 51. — Tête de
Chevreuil. Long.
de l'animal, 1 m.

Fig. 52. — Renne. Long.
de l'animal, 1ᵐ,40.

Les femelles ou *biches,* de tous ces animaux, sont dépourvues de cornes. Dans les pays froids du Nord, en Laponie notamment, les Ruminants domestiques sont remplacés par un cerf, appelé *Renne* (fig. 52), dont la biche est ornée de cornes comme le mâle.

LES PORCINS

56. **Porc.** — Le *Porc,* ou *Cochon* (fig. 53), est un ongulé à pieds fourchus comme les Ruminants ; seulement il a quatre doigts à chaque pied, deux grands en avant et deux plus petits en arrière.

Il est loin, d'ailleurs, d'avoir l'organisation et les habitudes des Ruminants : d'abord il ne rumine pas, et son estomac est une simple poche comme celui de l'Homme ; ensuite il mange indifféremment de tout, tandis que les Ruminants recherchent exclusivement les matières végétales et avant tout les herbages. Le Cochon, en d'autres termes, est *omnivore,* tandis que les Ruminants sont *herbivores.* Il a, aux deux mâchoires, des incisives bien développées, des canines assez fortes, et des molaires couvertes de tubercules arrondis. Cette dentition n'est pas sans analogie avec celle de l'homme, qui est aussi un omnivore (fig. 54).

Le Cochon est élevé en troupes pour la boucherie. Il engraisse rapidement quand il est bien traité, et c'est un tort de croire qu'il profite mieux au sein des ordures que dans les porcheries bien tenues.

Fig. 53. — Cochon.

La peau du Cochon est toujours épaisse et remplie de graisse; on la connaît sous le nom de *lard*.

Les femelles, appelées *truies*, ont deux portées par an et donnent, chaque fois, de dix à douze petits *gorets*, qui tètent pendant environ deux mois.

57. Le Sanglier. — Les Cochons sont des San-

Fig. 54. — Demi-mâchoire supérieure de Cochon.

gliers rendus dociles et propres à l'engraissement par la domestication.

Le *Sanglier* ne diffère pas beaucoup du Cochon; il a, comme lui, des poils raides appelés *soies* et un mufle prolongé en *groin* ou *boutoir*; toutefois les soies du Sanglier sont plus allongées et plus raides que celles du Cochon, et ses canines sont beaucoup plus fortes. Les canines du Sanglier font saillie au dehors et deviennent des armes redoutables; on les appelle des *défenses*.

Quand le Sanglier est poursuivi dans une battue, il se précipite parfois tout d'un trait sur ceux qui le poursuivent, et devient alors un adversaire dangereux. .

Le Sanglier se rencontre en France dans presque toutes les forêts.

CHAPITRE VI

Mammifères : Chevaux, Éléphants, Baleines.

LES BÊTES CHEVALINES

58. Le Cheval. — Le *Cheval* (fig. 55) est un ongulé comme les Ruminants et les Porcins, et c'est même chez

Fig. 55. — Cheval.

lui qu'on observe les *sabots* les plus grands; mais il n'a qu'un seul doigt à chaque extrémité (fig. 56), et cela suffirait déjà pour le distinguer des mammifères à pieds fourchus.

Les membres du Cheval sont fins, quoique robustes,

et ne touchent le sol que par le sabot qui recouvre chaque doigt; aussi le Cheval est-il un excellent coureur. Les sabots du Cheval sont des ongles très développés et, comme les ongles, poussent par l'une des extrémités à mesure qu'ils s'usent par l'autre. On protège les sabots du Cheval contre l'usure au moyen d'une semelle en fer qu'on rend aussi légère que possible en lui donnant la forme d'un U; on fixe cette semelle par des clous sur la partie inférieure du sabot, qui est complètement insensible.

Le Cheval est un herbivore; mais il ne rumine pas, et son estomac est simple. Ses molaires (fig. 57) sont faites comme celles des Ruminants; mais il possède des incisives aux deux mâchoires et, à partir de quatre ans, des canines peu développées; ces canines sont d'ailleurs absolument inutiles, et il n'est pas rare de les voir tomber et disparaître chez les femelles.

Fig. 56. — Pied et sabot du Cheval.

59. La *jument* est la femelle du Cheval; elle donne à chaque portée un jeune, appelé *poulain,* qu'elle allaite pendant trois mois. Les poulains sont gracieux et vifs; leur

Fig. 57. — Demi-mâchoire supérieure de Cheval (mâle).

plus grand plaisir est de gambader follement dans les prés.

Le Cheval est utilisé surtout comme bête de trait et comme bête de selle; on le dirige aisément à l'aide du *mors,* petit barreau de fer qu'on introduit transversalement dans la bouche entre les incisives et les molaires, et qu'on fixe à une bride par ses deux extrémités. Quand on tire sur la bride, le mors appuie contre les dents ou les gencives et, suivant que la pression est plus forte d'un côté

que de l'autre, l'animal comprend dans quel sens on veut, le diriger.

60. **L'Ane.** — L'*Ane* (fig. 58) est une bête chevaline comme le Cheval, mais il a une taille plus faible, des formes moins élégantes et des oreilles plus longues; sa queue, au lieu d'être couverte tout entière de longs poils appelés *crins*, n'en porte qu'à son extrémité. Les longs poils que le cheval porte sur le cou, et qui constituent la *crinière*, n'existent également pas chez l'Ane; en outre, les

Fig. 58. — Ane.

cris des deux animaux sont bien différents : l'Ane *brait*, le Cheval *hennit*.

L'Ane vaut mieux que sa réputation. Il est sobre, rustique et résiste à un régime que ne supporterait pas le Cheval. On a dit de lui qu'il était têtu, disgracieux et méchant; mais s'il acquiert ces défauts trop réels, c'est à la suite des mauvais traitements qu'on ne cesse de lui prodiguer.

61. **Mulet.** — Le produit de la Jument et de l'Ane est un animal appelé *Mulet*. Le Mulet est plus grand et plus fort que l'Ane, mais il est comme lui rustique et résistant; il a le pied très sûr, et on l'emploie constamment dans les pays de montagnes, où les chemins sont difficiles. Le Mulet diffère de l'Ane et du Cheval en ce qu'il ne se reproduit pas.

Le *Bardot* est le produit du Cheval et de l'Anesse; il a beaucoup moins de qualités que le Mulet.

LES ÉLÉPHANTS

62. L'*Éléphant* (fig. 59) vit en Afrique et dans l'Inde; c'est le plus grand des animaux terrestres; son corps

énorme repose sur quatre membres lourds et massifs qui
se terminent chacun par cinq doigts recouverts de sabots.
Avec son cou large et court, il serait incapable de prendre, sans s'accroupir, ses aliments sur le sol, s'il n'était
pourvu d'une longue
trompe, qu'il manœu-
vre avec une grande
habileté.

La *trompe* de l'É-
léphant n'est rien au-
tre chose qu'un nez
démesurément allongé
et capable de toucher
à terre; les narines la
traversent sur toute
sa longueur et vien-
nent s'ouvrir à son

Fig. 59. — Éléphant attelé. Hauteur, 3 mètres.

extrémité, à côté d'un prolongement de la trompe absolument semblable à un doigt. Ce doigt est d'une sensibilité et d'une délicatesse vraiment remarquables; grâce
à lui l'Éléphant peut saisir et
manier les objets les plus menus
avec une adresse extrême.

L'Éléphant se sert de sa trompe
pour saisir ses aliments et pour
les porter à sa bouche; c'est avec
elle aussi qu'il aspire l'eau pour

Fig. 60. — Molaire d'Éléphant
d'Afrique. Long., 15 cent.

se désaltérer. Sa bouche est armée, à la mâchoire supérieure, de deux énormes incisives recourbées vers le haut
et qui lui servent de *défenses*. Il est dépourvu de canines
et broie les aliments avec ses énormes molaires (fig. 60).
Il se nourrit de matières végétales.

63. L'Éléphant a la peau dure, coriace, noirâtre et parsemée çà et là de quelques vilains poils. Ce n'est pas
un bel animal, mais ses petits yeux vifs et intelligents
lui donnent une physionomie attachante. Il est d'ailleurs
d'humeur très douce; aussi, dans les jardins zoologiques,

les enfants se font-ils un plaisir de lui donner des frian-
dises ou du pain.

L'Éléphant d'Afrique a des défenses beaucoup plus
longues que celui d'Asie; il se domestique moins facilement, et on ne l'estime que pour l'ivoire de ses défenses. L'Éléphant d'Asie, au contraire, est employé comme
animal domestique.

LES BALEINES

64. La *Baleine* est le plus grand des animaux aquatiques; elle mesure de 15 à 20 mètres de longueur, et la
circonférence de son corps est énorme.

La Baleine (fig. 61) passe son existence tout entière
dans la mer et présente la forme qui convient le mieux
à ce genre de vie, celle
d'un poisson. Mais elle
n'a du poisson que la
forme; c'est en réalité un
mammifère organisé pour
vivre dans l'eau, et elle
allaite ses petits avec des
mamelles.

Le corps de la Baleine
est étroit en arrière et se
termine par une large et
puissante nageoire horizontale qui lui sert de gouvernail. La natation s'effectue avec les mouvements de la
partie rétrécie du corps et avec ceux des deux membres
antérieurs, qui sont transformés en nageoires. Les membres postérieurs n'existent pas.

Fig. 61. — Baleine échouée.
Long., 16 mètres.

La bouche de l'animal est démesurément grande, mais
dépourvue de dents. La Baleine se nourrit, en effet, de
petits animaux aquatiques, qu'elle avale sans les broyer.
La capture de cette proie se fait au moyen de lames cornées, ou *fanons,* qui forment une rangée verticale sur tout
le pourtour de la mâchoire supérieure (fig. 62, *f*); ces

lames sont effilochées sur les bords et forment une sorte
de treillage naturel tout autour de la bouche. Quand l'animal relève dans l'eau sa mâchoire inférieure, le liquide,
chassé de la bouche,
traverse ce treil-
lage, mais les petits
animaux qu'il con-
tenait sont retenus
et ensuite avalés.

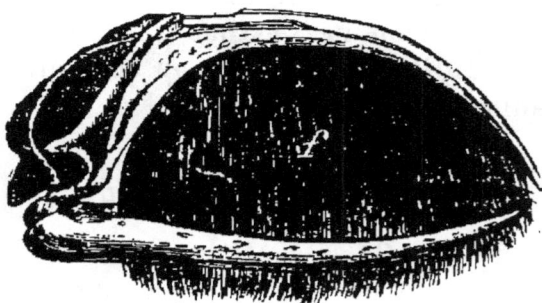

Fig. 62. — Mâchoires et fanons de la Baleine.
Hauteur, environ 1 mètre.

La Baleine est
dépourvue de nez
saillant, mais elle
a deux narines dont
les orifices, appelés
évents, viennent s'ouvrir sur le point le plus élevé de la
tête. Pour respirer sans sortir de l'eau, elle met sa trachée-
artère en relation avec les narines, et fait ensuite affleurer ses évents à la sur-
face. Elle respire, en un
mot, par le nez comme
le Cheval, et c'est de la
vapeur d'eau conden-
sée, et non de l'eau,
qu'elle rejette par ses
évents.

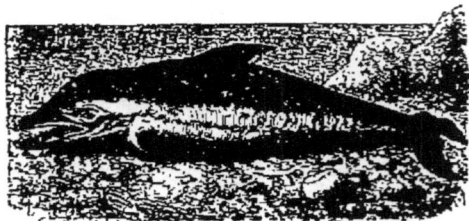

Fig. 63. — Dauphin. Long., 1m,60.

La Baleine est dé-
pourvue de poils, et protégée contre le refroidissement
par une couche épaisse de lard. C'est pour extraire l'huile
contenue dans ce lard, et aussi pour recueillir ses fanons, que certains navires la vont pourchasser dans les
mers arctiques.

65. Le *Marsouin* et le *Dauphin* (fig. 63) ressemblent
beaucoup à la Baleine ; mais ils n'ont guère qu'un à deux
mètres de longueur, et leurs narines se confondent en un
seul évent. Ces animaux sont armés de dents et dévorent
beaucoup de poissons ; ils détériorent fréquemment les
filets des pêcheurs.

3.

CHAPITRE VII

Oiseaux : caractères essentiels.

LE PIGEON

66. Les plumes. — Le *Pigeon* (fig. 64) est un des plus aimables représentants de la classe des Oiseaux : il a des

couleurs agréables, quoique peu vives, des formes élégantes, des mouvements légers et gracieux. Comme certains mammifères, le Kangurou, par exemple, il n'emploie que ses membres postérieurs pour marcher ; comme d'autres, il fend l'air d'un vol facile ; mais il se distingue de tous les mammifères par les *plumes* qui revêtent son corps, et ce caractère suffirait, à lui seul, pour

Fig. 64. — Pigeon.
Long., 30 cent.

le faire ranger parmi les Oiseaux.

Chaque plume (fig. 65) se compose d'un axe ou *rachis* (n° 1, *p*) qui s'implante par une extrémité dans la peau ; la partie voisine de cette extrémité est un tube creux rempli d'air (*t*) ; l'autre est pleine, quoique fort légère, et porte sur ses côtés une rangée de fins rameaux aplatis appelés *barbes* (*b*). Dans les grandes plumes des ailes et de la queue ces barbes présentent elles-mêmes sur leurs deux faces de courtes *barbules* (n° 3) qui, s'enchevêtrant et s'accrochant de barbe à barbe, transforment cette partie de la plume en une sorte de lame résistante, mais très élastique.

Sur les autres parties du corps, on trouve des plumes semblablement faites, mais plus petites. Outre ces plumes, le pigeon en a de beaucoup plus réduites qui forment le *duvet* de l'animal et dont les barbes (n° 2) sont molles, flexibles, douces au toucher et indépendantes les unes des autres. Des barbes analogues (n° 1, *d*) se trouvent aussi à la base des grandes plumes.

67. Utilité des plumes. — Les plumes sont imprégnées d'une matière grasse que sécrète l'animal, et qui les empêche d'adhérer à l'eau. Grâce à cette propriété, la peau du pigeon ne risque pas d'être mouillée, et, par suite, l'animal est moins sujet au refroidissement.

Entre leurs barbes et leurs barbules, toutes les plumes du corps, mais surtout les plumes flexibles du duvet, emmagasinent une grande quantité d'air, de sorte que le corps des Oiseaux est enveloppé par ce fluide comme par une sorte de manchon. L'air ainsi emprisonné offre une barrière presque infranchissable à la chaleur, si bien que le Pigeon, et comme lui tous les Oiseaux, ne perdent que très

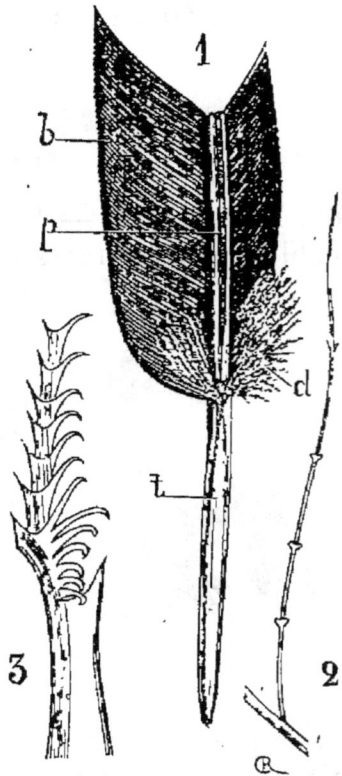

Fig. 65. — Rémige de Pigeon.

N° 1, rémige un peu grossie; — n° 3, barbule de la rémige, avec ses crochets, très grossie; — n° 2, barbe grossie de duvet.

difficilement la chaleur de leur corps. Cette chaleur est du reste plus élevée que celle de l'Homme; elle atteint ordinairement 42°.

68. Le vol. — Les plumes sont les organes essentiels du vol. Très légères, elles n'augmentent pas beaucoup le poids du corps de l'animal; très résistantes et très élastiques, elles peuvent frapper l'air avec force sans se détériorer.

Un coup d'œil jeté sur les ailes et la queue d'un Pigeon permet de comprendre combien est essentielle la présence des plumes dans les organes du vol. Examinons le squelette de l'aile droite de l'animal; nous y voyons (fig. 67) toutes les parties d'un membre antérieur ordinaire : bras (*h*), avant-bras (*c,r*) et main (*m, p,q*); mais tout cela ne forme qu'un appareil étroit qui ne pourrait, en aucune façon, servir de rame aérienne à l'oiseau.

Fig. 66. — Aile d'oiseau.

Passons à l'aile emplumée ; elle se présente à nous comme une lame (fig. 66) large et élastique, qui doit aux plumes sa forme, sa souplesse et sa force. Celles-ci sont appelées *rémiges* et implantées sur le bord postérieur du membre; elles sont recouvertes à leur base par des plumes semblables aux rémiges, mais d'autant plus petites qu'elles sont plus rapprochées du bord antérieur; toutes ces plumes sont d'ail-

Fig. 67. — Squelette de Pigeon.

leurs dirigées d'avant en arrière, si bien que le membre antérieur, transformé en rame puissante, peut frapper et fendre l'air sans que ses plumes soient jamais dérangées.

Les plumes de la queue sont absolument semblables aux rémiges et forment comme elles une lame plate, résistante et élastique. On les appelle des *rectrices,* parce qu'elles jouent le rôle de gouvernail. Comme toutes les plumes du corps, elles sont dirigées d'avant en arrière.

69. **Squelette et muscles du vol.** — Les ailes sont mues par des masses musculaires très puissantes qui forment, en dehors des côtes, un épais coussinet de chair. Ce sont ces muscles qui constituent, dans les poulets servis sur la table, les masses charnues qu'on désigne sous le nom de *blanc de poulet.*

Les muscles des ailes s'attachent sur le sternum (fig. 67, *b*), qui devient très grand et prend la forme d'une carène de navire. Chez les oiseaux bons voiliers, comme le Pigeon, le sternum ainsi modifié ne fournit plus aux muscles des attaches suffisantes, et il se développe en son milieu une sorte de crête très saillante à laquelle on a donné le nom de *bréchet.* Les os des Oiseaux sont creusés de grandes cavités remplies d'air qui leur donnent une légèreté très favorable au vol, sans diminuer en rien leur solidité.

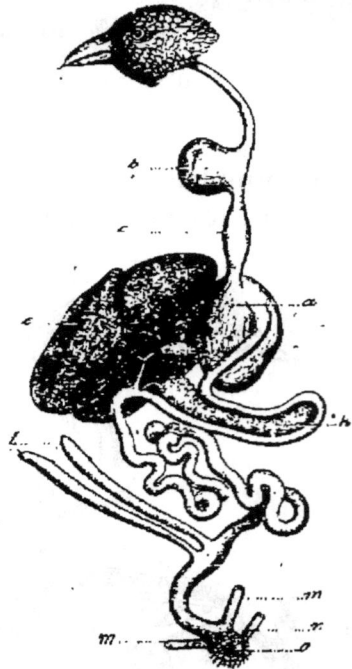

Fig. 68. — Tube digestif de Poule.

e, foie; *h,* pancréas; *t,* tubes annexés au gros intestin; *m,* conduits urinaires; *n,* conduit des œufs.

70. **Nutrition** (fig. 68). — Les mâchoires du Pigeon sont recouvertes par un étui corné et forment ainsi un *bec,* à la base duquel se trouvent, dans une région nue et membraneuse, les orifices des narines. C'est avec le bec que le Pigeon picore les graines dont il fait sa nourriture.

Les mâchoires étant dépourvues de dents, ces graines sont immédiatement avalées et vont se ramollir dans une dilatation de l'œsophage appelée *jabot* (*b*). Le jabot est situé dans le cou, et on le sent très bien avec la main quand le Pigeon vient de manger.

Les aliments passent ensuite dans un premier estomac, le *ventricule succenturié* (*c*), où ils sont imprégnés de sucs digestifs, puis dans un second (*d*), plus grand et à parois très puissantes, où ils sont enfin broyés. Ce second estomac est appelé *gésier ;* quand les aliments le quittent, ils passent directement dans l'intestin grêle.

Fig. 69. — Tête du Pigeon.

71. **Organes des sens** (fig. 69). — Le Pigeon a, comme tous les Oiseaux, une vue très perçante ; comme eux aussi, il peut protéger ses yeux contre un excès de lumière en les recouvrant à volonté d'une membrane à demi opaque (*p*).

Les organes de l'audition existent, mais il n'y a pas d'oreille externe, et on ne trouve à la place de cette dernière qu'une simple membrane (*cae*) à fleur de peau.

Le nez fait défaut ; et les narines (*n*) s'ouvrent purement et simplement à la base du bec, à la naissance d'une saillie membraneuse.

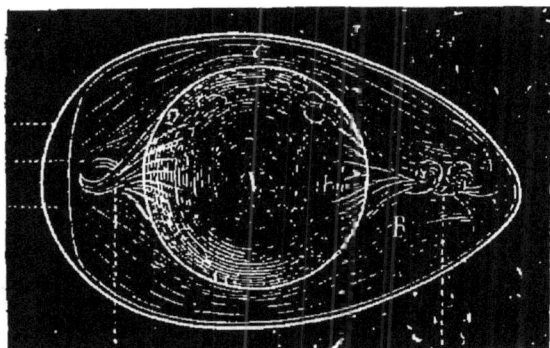

Fig. 70. — Œuf du Pigeon.

72. **Reproduction.** — Le Pigeon se reproduit par des œufs qu'il pond à diverses époques de l'année, et qui sont expulsés par le même orifice que les excréments et l'urine.

Ces œufs (fig. 70), comme ceux des autres Oiseaux, sont ovales et protégés par une coque calcaire assez épaisse. Le liquide contenu à l'intérieur de l'œuf se compose de deux parties : l'une centrale, arrondie et riche en matière grasse, le *jaune* (V), l'autre périphérique, incolore (B), et qui devient blanche par la cuisson, l'*albumine*. Autour de l'albumine est une membrane qui, au bout le plus large, laisse entre elle et la coquille une étroite *chambre à air*.

73. L'œuf est pondu dans un nid et couvé par les parents. Sous l'influence de la chaleur de ces derniers, le petit oiseau se développe à la surface du jaune, qui disparaît tout entier, après quoi l'albumine subit le même sort ; quand il a consommé toute cette nourriture, le jeune brise la coquille avec la pointe de son bec et éclôt.

74. **Caractères essentiels des Oiseaux.** — Tous les Oiseaux sont, comme le Pigeon, des animaux à température constante ; cette température atteint en moyenne 42°, tandis que celle des Mammifères varie, suivant les espèces, de 37° à 41°.

Les Oiseaux ont des plumes et volent ordinairement bien ; leur sternum et les muscles de la poitrine sont très développés. Le cœur a quatre cavités comme celui des Mammifères ; les dents font défaut, mais les mâchoires sont armées d'un bec corné ; l'estomac se compose de deux parties, une première qui est étroite et sécrétrice, une seconde beaucoup plus forte et plus volumineuse, qui sert à broyer les aliments. La vue est perçante ; le nez et l'oreille externe ne sont pas développés.

Les œufs des Oiseaux sont très gros étant donné le volume du corps ; ils sont essentiellement composés de jaune et d'albumine. Avant d'être expulsés au dehors, ils passent dans une chambre, appelée *cloaque* (fig. 68, o), où se réunissent aussi l'urine et les excréments.

CHAPITRE VIII

Oiseaux : Pigeons; Oiseaux de basse-cour.

LES COLOMBIDÉS OU PIGEONS

75. Le Pigeon domestique. — Le Pigeon a des ailes puissantes, des pattes emplumées jusqu'à une faible distance des doigts, des narines recouvertes par une écaille membraneuse très saillante; son cri est appelé *roucoulement*.

Les Pigeons vivent par couples étroitement unis, et leurs petits, très faibles en sortant de l'œuf, ont besoin, pendant plusieurs semaines, des soins assidus de leurs parents. Ceux-ci sécrètent, dans leur jabot, un liquide assez semblable à du lait, qu'ils dégorgent dans le bec de leurs petits. C'est en quelque sorte un allaitement, encore que le Pigeon soit dépourvu de mamelles.

76. Le *Pigeon domestique* a une chair délicate quand il est jeune. Il est doué d'une grande puissance de vol, et retrouve facilement sa route quand on l'a emmené loin de son nid; les *Pigeons voyageurs* sont plus spécialement que les autres doués de ces deux qualités; aussi les emploie-t-on fréquemment pour porter au loin les dépêches.

77. Autres Colombidés. — Tous les oiseaux qui présentent les ailes, les pattes, le bec et les habitudes des Pigeons sont réunis dans un même groupe, celui des *Colombidés,* ainsi nommé à cause de la dénomination de colombe qu'on donne aux divers pigeons sauvages, le *Ramier*, la *Palombe* et le *Bizet*. C'est du Bizet que paraît dériver notre Pigeon domestique. Les *Tourterelles* sont des Colombidés plus gracieux de forme et plus sociables que les Pigeons.

78. La Poule. — La Poule (fig. 71) ressemble un peu au Pigeon par la forme de ses pattes et par l'écaille membraneuse qui recouvre ses narines ; mais elle en diffère par son allure, par la crête charnue qui orne sa tête, et surtout par ses habitudes.

Elle n'a ni les mouvements légers ni la forme gracieuse du Pigeon ; c'est un animal lourd et très inhabile au vol ; aussi s'aventure-t-elle rarement sur les arbres, et on ne la voit aller sur le perchoir qu'au moment où elle veut dormir.

Fig. 71. — Poule. Long., 40 cent.

Ses ailes sont courtes et arrondies à l'extrémité, comme il convient à un oiseau peu fait pour voler ; son bec est plus voûté et plus fort que celui du Pigeon ; ses pattes sont moins emplumées.

79. Les Poules ne vivent point par couples comme les Pigeons ; toutes celles d'une même basse-cour sont réunies autour d'un mâle, appelé *Coq* (fig. 72), qui est le chef du troupeau.

Les poules sont bien plus fécondes que les Pigeons, et pondent ordinairement un œuf chaque jour, excepté

Fig. 72. — Coq. Long., 50 cent.

vers la fin de l'automne et au commencement de l'hiver, époques où elles *muent*, c'est-à-dire où elles perdent une partie de leurs plumes pour en acquérir de nouvelles.

Les Poules bonnes pour le couvage se reconnaissent à leurs *gloussements* répétés; elles cessent alors de pondre et se contentent de prendre de la nourriture et de réchauffer, sous leurs plumes, les quinze à vingt œufs qu'on leur donne à couver.

Les jeunes ou *Poussins* naissent après vingt et un jours d'incubation; ils sont forts, agiles et courent de suite en tous sens; ils se nourrissent de pâtée dès le deuxième jour et picorent déjà quelques menues graines vers le huitième. Les Poules de moins d'une année commencent à pondre; elles restent ensuite en pleine production pendant environ quatre ans.

La Poule est pleine de tendresse pour ses poussins; elle les abrite sous ses ailes, les défend quand on les attaque et leur apprend à se procurer de la nourriture. Le Coq se désintéresse absolument des diverses couvées; orné de belles plumes caudales qui manquent à la Poule, il se pavane dans la basse-cour et en défend l'accès aux autres coqs du voisinage.

80. La Poule est un oiseau essentiellement granivore; mais elle ne dédaigne nullement les débris de la cuisine, les insectes et les larves qu'elle trouve dans le sol. Pour chercher sa nourriture, elle gratte la terre avec ses pattes, et cause ainsi quelques dégâts dans les jardins.

81. Caractères des Gallinacés. — La Poule est le type le plus vulgaire d'un groupe important d'oiseaux, celui des *Gallinacés*.

Les Gallinacés ont des formes lourdes, des ailes réduites et arrondies, un bec voûté et fort. Ils ne vivent point par couples comme le Pigeon, et ne sécrètent aucune matière laiteuse pour nourrir leurs petits; ceux-ci sont forts et agiles dès le moment de l'éclosion et se mettent bientôt en quête de nourriture.

Les Gallinacés ressemblent aux Pigeons par leurs écailles nasales et par leur goût prononcé pour les graines. Ils fournissent aux basses-cours leurs représentants les plus estimés : Faisans, Dindons, Pintades, Paons, et aux chasseurs beaucoup d'espèces délicates.

82. Les Faisans. — Les *Faisans* se rapprochent beaucoup des Coqs, mais ils n'ont pas de crête rouge sur la tête; leur plumage est tacheté, et leur longue queue s'étend en arrière sous la forme d'un toit à

Fig. 73. — Faisan (mâle). Long., 65 cent.

deux pans. Comme c'est la règle chez les Oiseaux, les femelles ont une livrée bien plus modeste que le mâle.

Le *Faisan commun* (fig. 73) est un oiseau à demi domestique; on fait couver ses œufs dans les basses-cours, et quand les jeunes sont assez forts, on les abandonne dans les forêts. C'est un gibier fin et recherché.

Les Faisans, comme les Coqs, sont originaires des montagnes de l'Inde, et y vivent encore à l'état sauvage.

83. Les Dindons. — Les Coqs et les Faisans ont les joues dénudées et rouges; chez les *Dindons* (fig. 74), cette dénudation envahit la peau de la tête et du cou, qui devient pendante et verruqueuse.

Fig. 74. — Dindon. Long., 70 c.

Ces oiseaux sont de grande taille et présentent à l'état sauvage un plumage foncé d'un bel éclat métallique; les plumes de la queue sont grandes, et l'animal les étale largement en cercle quand il *fait la roue*. L'animal domestique a des couleurs beaucoup plus ternes; il est parfois tacheté de blanc, ou même blanc tout entier.

Le Dindon est certainement le plus lourd et le plus disgracieux des oiseaux de basse-cour, et son laid gloussement n'est pas fait pour lui donner quelque attrait. Mais

sa chair et sa graisse sont très estimées. Il est originaire
de l'Amérique du Sud, et vit encore à l'état sauvage dans
les forêts de ce pays.

84. **La Pintade.** — La *Pintade* (fig. 75) nous vient au
contraire de l'Afrique. Elle a le dos voûté comme le Din-
don, mais ses allures sont moins disgracieuses, et sa tête seule est dénudée. Les plumes de cet oiseau sont de couleur sombre et parsemées d'une multitude de points blancs; sa queue est très courte.

Fig. 75. — Pintade.
Long., 45 cent.

85. **Les Paons.** — Les *Paons* (fig. 76) sont remarquables par l'éclat et la beauté de leur plumage, qui est coloré des teintes métalliques les plus belles. Ces teintes s'observent sur toutes les parties du corps, et même sur l'aigrette qui

Fig. 76. — Paon. Long., 1ᵐ,20.

Fig. 77. — Perdrix. Long, 22 cent.

orne la tête de l'oiseau; mais elles n'atteignent nulle part
autant d'intensité que sur les plumes de la queue, où elles

dessinent de larges yeux colorés des nuances de l'arc-en-ciel; quand le Paon *fait la roue* au grand soleil, le spectacle que présente sa queue est réellement admirable.

Le Paon est originaire de l'Asie; on l'élève surtout pour l'ornement, mais on le sert parfois sur la table orné de ses plumes.

86. **Les Gallinacés sauvages.** — Certains Gallinacés sauvages fournissent au chasseur un fin gibier. Dans le nombre il faut citer le grand *Coq de bruyère* et la *Gelinotte,* qui habitent les forêts; la *Caille,* qui fréquente les prairies et les champs de blé; la *Perdrix* (fig. 77), qui vit par troupes dans les champs et dans les bois.

CHAPITRE IX

Oiseaux : Pics et Coucous, Passereaux insectivores, les services qu'ils rendent; Hirondelles, Martinets, Fauvettes, Passereaux granivores, Moineaux.

LES GRIMPEURS

87. **Les Pics.** — Le *Pic* (fig. 78) n'est pas un oiseau banal : il attire par ses jolies couleurs, il intéresse par ses curieuses habitudes. C'est un insectivore intrépide qui, de son bec robuste et pointu, fouille avec ardeur écorces et troncs, afin de découvrir les insectes qui s'y cachent. Rien n'est plus bizarre et attachant que ses allures pendant la chasse : il grimpe en courant sur le tronc vertical des arbres, s'arrête brusquement en s'arc-boutant sur sa queue, frappe et fouille l'écorce de son bec, enfin se précipite sur le côté opposé du tronc et y capture prestement les insectes que le bruit a chassés de leurs demeures.

Nul animal n'est mieux organisé pour se livrer à pareille chasse : avec ses quatre doigts armés de griffes acérées et groupées par paires, *deux en avant et deux en arrière*, il perche et grimpe sans la moindre difficulté ; les

Fig. 78. — Pic-vert. Long., 25 cent.

grandes plumes de sa queue, raides et aiguës, lui permettent de s'arc-bouter fortement ; enfin sa langue barbelée et longue, toujours imprégnée d'une salive gluante, peut être projetée facilement hors du bec, et happe chemin faisant les insectes.

Les Pics sont des oiseaux très utiles ; c'est une folie de leur reprocher les perforations qu'ils creusent parfois dans les troncs, car ils font toujours ces

Fig. 79. — Tête et patte du Coucou. Long. de l'animal, 25 cent.

fouilles sur des arbres mis en péril par les insectes.

88. Les Coucous. — Le *Coucou* (fig. 79) a des griffes aiguës et quatre doigts disposés comme ceux du Pic ; mais c'est un bien moins bon grimpeur, et il passe la plus grande partie de son existence à voler ou à percher sur les arbres. Ses ailes sont bien plus développées que celles du Pic, et son plumage terne et sombre n'attire guère sur lui l'attention.

89. Cet oiseau presque mystérieux, que son cri bien connu révèle seul dans le feuillage, a la singulière habitude de ne pas couver ses œufs et de les déposer dans le nid des petits oiseaux. Ceux-ci ne paraissent pas s'apercevoir du subterfuge ; ils continuent de couver et nourrissent les jeunes Coucous, même après que ceux-ci ont expulsé les petits légitimes. Le Coucou est un insectivore comme le

Pic, mais les services qu'il peut rendre ne compensent probablement pas le tort qu'il cause en détruisant les couvées.

LES PASSEREAUX INSECTIVORES

90. **Les Hirondelles.** — L'*Hirondelle* (fig. 80) est un insectivore aussi précieux que les Pics; mais au lieu de s'attaquer aux insectes des arbres, elle fait une chasse incessante à ceux, plus nombreux encore, qui fourmillent dans l'air et à la surface du sol. Quelques-uns de ces insectes sont certainement utiles, mais presque tous sont des ennemis déclarés des récoltes, et cela suffit pour attribuer à l'Hirondelle, comme à tous les oiseaux insectivores, une place de premier ordre parmi les auxiliaires du cultivateur.

Fig. 80. — Hirondelle (volant) et Martinet (au repos). Long.: Hirondelle, 15 cent.; Martinet, 17 cent.

Pour se livrer à la chasse qui la fait vivre, l'Hirondelle est douée d'un vol puissant et rapide; elle fend l'air comme une flèche, et effleure, rapide comme l'éclair, l'herbe des prairies ou la surface des eaux. Sa queue est grande et bifurquée, ses ailes sont si longues qu'elles se croisent en arrière au-dessus des rectrices; aussi est-elle très embarrassée sur le sol, et la voit-on, de préférence, s'arrêter sur les fils télégraphiques ou s'accrocher aux aspérités des murs et des rochers.

C'est en volant que chasse l'Hirondelle; elle se contente d'ouvrir sa large bouche, fendue jusqu'aux yeux, et engloutit chemin faisant les animalcules qu'elle rencontre. Pour donner à manger à ses petits, c'est à peine si elle cesse de voler.

Nous avons en France plusieurs espèces d'*Hirondelles*, qui tirent leur nom de l'endroit où elles font leur nid : l'*Hirondelle de cheminée* choisit les cheminées sans feu, et l'*Hirondelle des fenêtres* le dessous des toits et les encoignures des croisées; toutes deux font un nid en maçonnerie avec de la terre et de la boue gâchée. L'*Hirondelle de rivage* se contente de creuser un trou dans les falaises.

Quand approche la mauvaise saison, les insectes disparaissent, et l'Hirondelle, ne trouvant plus sa nourriture, quitte nos pays pour des climats plus chauds; elle va ainsi jusqu'au Sénégal, puis nous revient avec les beaux jours. C'est à juste titre qu'on l'a nommée la *messagère du printemps;* elle nous annonce la saison que chacun aime : aussi les plus féroces destructeurs d'oiseaux se gardent-ils de la maltraiter.

91. Caractères des Passereaux. — A cause des voyages qu'elle entreprend chaque année, l'Hirondelle est regar-

dée comme le type des *oiseaux de passage,* et mérite par conséquent, mieux que tout autre, le nom de *passereau*.

La plupart des Oiseaux qu'on a rangés

Fig. 81. — Tète de Bouvreuil. Long. du corps. 15 cént.

dans le groupe des *Passereaux* émigrent tous les ans comme l'Hirondelle, mais cette règle présente cependant de nombreuses exceptions : il y a des espèces sédentaires, le Moineau et la Pie notamment; d'autres, comme la Linotte et le Chardonneret, se livrent au vagabondage et peuvent être considérés comme des espèces errantes; il en est enfin qui, à l'entrée de l'hiver, abandonnent la campagne et se rapprochent des habitations; le Bouvreuil (fig. 81) appartient à ce groupe. En général les espèces qui se nourrissent d'insectes ou de fruits entreprennent chaque année des migrations; mais celles qui préfèrent les graines sont, pour la plupart, errantes ou sédentaires, parce qu'elles peuvent, à toute époque, trouver assez de nourriture.

Un des plus grands passereaux est le Corbeau; c'est dire que les autres sont de moyenne ou de petite taille. Ils ont tous quatre doigts, dirigés trois en avant et un en arrière, comme les Pigeons et les Gallinacés ; mais ils se distinguent des oiseaux de ces deux derniers groupes en ce que leurs narines ne sont pas recouvertes par des écailles (fig. 81).

92. Autres insectivores : Martinets, Engoulevents, Fauvettes. — Le *Martinet* (fig. 80) ressemble beaucoup à l'Hirondelle et vole avec plus de rapidité encore ; mais il en diffère, et il diffère également des autres Passereaux, par la position de ses doigts (fig. 82), qui sont tous quatre dirigés en avant. Pour le reste,

Fig. 82. — Patte du Martinet.

Fig. 83. — Tête d'Engoulevent. Long. de l'animal, 25 cent.

le Martinet ressemble tout à fait à l'Hirondelle ; il a les mêmes goûts, les mêmes habitudes, et il abandonne même nos climats avant elle.

Le Martinet a le bec large et longuement fendu ; il se

Fig. 84. — Mésange à tête noire. Long., 13 cent.

rapproche beaucoup, à ce point de vue, d'un oiseau nocturne de plus grande taille qu'on appelle *Engoulevent* ou *crapaud volant* (fig. 83), à cause des grandes dimensions de sa bouche. Comme tous les oiseaux de nuit, l'Engoulevent a un plumage mou qui lui permet de voler

sans bruit, des couleurs grises et des yeux très développés. C'est un insectivore des plus utiles.

Les *Fauvettes* se distinguent des espèces précédentes
par leur bec droit, pointu et assez grêle; on les range,
pour cette raison, parmi les oiseaux appelés vulgairement
becs-fins. Les becs-fins rendent tous de grands services
aux cultivateurs : les *Fauvettes* se tiennent de préférence
dans les buissons; les *Bergeronnettes* sur le sol, où elles
accompagnent les troupeaux; les *Mésanges* (fig. 84) et les
Rossignols dans les bois. La Fauvette et le Rossignol sont
des chanteurs délicieux; le Rossignol mâle se distingue
notamment par la beauté de son ramage, qu'il fait entendre la nuit, pendant que la femelle couve les œufs.

PASSEREAUX GRANIVORES, MOINEAUX

93. Moineaux. — Le plus connu et le plus commun des
oiseaux granivores est sans contredit le *Moineau* (fig. 85);
il a un bec large, court, conique,
robuste, organisé à merveille, en un
mot, pour pi-
corer ou briser
des graines.
Comme la plu-
part des grani-
vores, il est ab-
solument sé-

Fig. 85. — Moineau.
Long., 15 cent.

Fig. 86. — Chardonneret.
Long., 13 cent.

dentaire, et c'est tout au plus si une espèce particulière,
le *Moineau friquet*, abandonne la campagne pour se rapprocher des habitations quand arrive l'hiver.

Malgré sa préférence bien marquée pour les graines,
il ne faut pas détruire le Moineau, car il dévore un nombre considérable d'insectes pour nourrir ses petits, et il
fait, en somme, plus de bien que de mal.

Il sera prudent d'avoir la même tolérance pour la *Linotte*,
le *Bouvreuil* (fig. 81) et le *Chardonneret* (fig. 86), autres
petits granivores à bec très conique. L'*Alouette* est aussi

un granivore, mais son bec s'allonge déjà comme celui des becs-fins, et elle ne dédaigne pas les insectes.

Le *Corbeau,* la *Pie* et le *Geai* sont des omnivores nuisibles ; ils s'attaquent parfois aux petits oiseaux et passent avec raison pour d'audacieux pillards de nids. Ce sont presque les seuls passereaux de nos pays dont la destruction puisse être permise.

CHAPITRE X

Oiseaux : Rapaces ; utilité des Chouettes et des Hiboux. Cigognes, Hérons ; Cygnes, Oies, Canards.

LES RAPACES

94. Chouettes et Hiboux ; leur utilité. — Voici des oiseaux (fig. 87) contre lesquels les préjugés les plus ridicules ont fait prendre les mesures les plus féroces ; parce qu'ils ont un plumage terne, une allure mystérieuse, des habitudes nocturnes et pour cri un hululement plaintif, on les prend pour des oiseaux de mauvais augure, et, pour les punir de la terreur qu'ils inspirent, on les cloue sans pitié aux portes des habitations.

C'est ainsi que le cultivateur récompense les plus zélés de ses auxiliaires. Car il n'est pas de plus grands destructeurs de souris et de campagnols que ces oiseaux détestés ; ils se mettent en chasse dès qu'arrive le crépuscule, et c'est alors une guerre sans merci à tous les rongeurs qui ravagent les moissons. S'ils commettent certains méfaits, c'est en détruisant çà et là quelques petits oiseaux ; mais ces méfaits sont sans proportion avec les services qu'ils nous rendent.

Ces oiseaux sont aveuglés par la lumière, et ils passent

la journée tout entière cachés dans leurs retraites : une vieille tour, quelque tronc pourri, une maison en ruine. La nuit, ils y voient très bien, car leurs yeux sont dilatés et concentrent sur la rétine une quantité suffisante de rayons lumineux. La position des yeux chez ces animaux est très bizarre, et ne contribue pas peu à leur donner une allure étrange : situés au centre d'un grand disque de plumes, ils sont arrondis et tournés en avant, si bien que la tête de ces oiseaux rappelle à certains égards celle du Chat, d'où le nom de *chats-huants* qu'on leur a donné.

Fig. 87. — Hibou Moyen-Duc.
Long., 36 cent.

Ils ont la livrée terne et grise de l'Engoulevent, un plumage mou et des ailes dentées en scie en arrière, ce qui leur permet de voler sans bruit. Ils saisissent leurs victimes avec les griffes acérées de leurs doigts et la déchirent ensuite avec leur bec, dont la mandibule supérieure est très crochue et armée d'un denticule.

Au repos, ces oiseaux perchent et se tiennent à la manière des Grimpeurs, ramenant en arrière, auprès des doigts postérieurs, un des trois doigts dirigés en avant (fig. 88).

Fig. 88. — Serre de chat-huant perché.

Les oiseaux de nuit de nos pays sont assez nombreux; on leur donne vulgairement le nom de *Hiboux* quand ils ont une touffe de plumes autour de la membrane auditive, et celui de *Chouettes* quand ils en sont dépourvus.

95. Caractères des Rapaces (fig. 89). — Les oiseaux précédents sont rangés dans le groupe des Rapaces, avec les Aigles, les Faucons et quelques autres oiseaux de proie.

Les *Rapaces* ont le bec fort, robuste et armé de bords tranchants; la mandibule supérieure se termine en crochet recourbé vers le bas, et présente en arrière de ce crochet un denticule bien évident. Les doigts, au nombre de quatre, se placent trois en avant et un en arrière, quand l'oiseau ne perche pas; ils sont armés de griffes puissantes et reçoivent le nom de *serres*. Les narines s'ouvrent à la base de la mandibule supérieure, dans une membrane appelée *cirre*.

96. Rapaces diurnes. — Les oiseaux de nuit précédents sont appelés *Rapaces nocturnes* en raison de leurs habitudes; il nous reste à étudier très rapidement les Rapaces de jour ou *Rapaces diurnes*.

Le *Faucon,* la *Buse* et l'*Épervier* sont les espèces les plus communes de ce groupe, qui est représenté dans les montagnes des Alpes par le roi des oiseaux, l'*Aigle* (fig. 89). Chez tous ces animaux, le bec est assez allongé, les yeux sont latéraux et médiocres, le plumage est raide; ces caractè-

Fig. 89. — Tête et serre d'Aigle.

res distinguent les Rapaces diurnes des Rapaces de nuit.

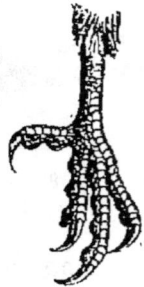

Ces oiseaux dévorent certainement un bon nombre de rongeurs, mais ils font une chasse acharnée aux oiseaux des champs et à ceux des basses-cours; aussi faut-il les considérer comme franchement nuisibles. L'*Aigle royal* s'attaque fréquemment aux troupeaux de moutons, et peut même, dit-on, enlever des enfants.

LES ÉCHASSIERS

97. Les Cigognes. — La *Cigogne blanche à ailes noires* (fig. 90) n'est pas très commune en France, mais elle l'est beaucoup en Alsace et en Allemagne, où on l'aime et la protège au même titre que l'Hirondelle.

Sur les chaumières et sur les édifices, mais plus souvent sur les clochers et sur les tours, le couple établit son vaste nid de branchages, et veille sur lui avec un soin jaloux. L'attitude de ces animaux est alors très frappante : perchés sur une de leurs longues pattes dénudées, comme

Fig. 90. — Cigogne.
Hauteur, 90 cent.

sur une échasse, ils restent complètement immobiles, la tête rentrée dans les épaules ou ramenée en arrière contre le dos ; par moments ils paraissent sortir de leur torpeur, relèvent la tête et font claquer comme des castagnettes les mandibules de leur long bec, puis ils reprennent leur attitude primitive et restent en repos.

Les Cigognes sont de puissants voiliers ; elles s'élèvent dans les airs en tournoyant, les ailes largement étendues, les pattes en arrière. A l'automne, elles émigrent par longues bandes vers le sud ; elles reviennent par couples isolés au printemps.

Ce sont des animaux très utiles, car elles détruisent une grande quantité de rongeurs ; elles s'attaquent aussi

Fig. 91. — Héron.
Hauteur, 80 cent.

aux serpents et savent, d'un coup de bec, briser la tête des Vipères.

98. **Le Héron.** — Le *Héron* (fig. 91) ne mérite ni les mêmes éloges ni la même protection que la Cigogne, car il passe sa vie à pourchasser, dans les eaux douces, batraciens et poissons. Parfois il arpente à longs pas le bord des rivières ; plus souvent il reste immobile sur une patte, l'eau à mi-jambe, détendant son

cou comme un ressort dès qu'il aperçoit un poisson.

Le Héron est plutôt errant que migrateur ; il est plus petit que la Cigogne, mais il a un cou plus long, un bec plus grêle, et il porte une huppe de plumes noires sur la tête. Son plumage est gris cendré.

99. **Caractères des Échassiers.** — On a réuni sous le

nom bien caractéristique d'*Échassiers* tous les oiseaux qui ont, comme le Héron et la Cigogne, de longues pattes et « un long bec emmanché d'un long cou ». Ce sont, pour la plupart, des oiseaux d'eau ; les longues pattes leur permettent d'avancer dans l'eau sans mouiller leur plumage, le long bec et le long cou de capturer, sans s'accroupir, la proie qui se déplace à leurs pieds. Ils ont presque toujours quatre doigts absolument indépendants.

LES PALMIPÈDES

100. Le Canard. — Le *Canard* (fig. 92) a quatre doigts, comme les Échassiers : trois dirigés en avant et un en arrière ; seulement les trois doigts antérieurs sont réunis par une large membrane appelée *palmure* (fig. 93) et forment ainsi une rame résistante et élastique. Les Canards n'ont plus les formes grêles et l'allure rapide des Échassiers. Très éloignées l'une de l'autre pour satisfaire aux besoins de la natation,

Fig. 92. — Canard domestique.
Long., 45 cent.

leurs pattes se prêtent aussi mal que possible à la marche ; aussi voit-on ces oiseaux, quand ils sont à terre, se dandiner lourdement afin de faire porter le poids de leur corps tantôt à droite, tantôt à gauche, sur la patte qui touche le sol.

Le *Canard domestique* descend du Canard sauvage, mais il est plus grand que lui. On l'élève au voisinage des mares et des rivières, dans lesquelles il aime à s'ébattre, et dont il tamise la vase avec son large bec denticulé sur les bords. C'est dans cette vase qu'il trouve sa nourriture de choix : larves aquatiques, mollusques ou vers ; mais il ne dédaigne pas les aliments de nature végétale, et c'est avec ces derniers qu'on l'engraisse dans la basse-cour. Sa chair et ses œufs sont de bonne qualité. On fait souvent couver par la poule les œufs du canard ; es petits, à peine éclos, se jettent dans l'eau et nagent, au grand désespoir de leur mère adoptive.

Fig. 93. — Patte de Canard.

101. L'Oie. — L'*Oie* (fig. 94) est plus grande que le Canard, et son corps est moins allongé ; son bec est plus fort à la base, ses pattes sont plus longues, et sa démarche à terre est moins lourde. Elle se met aisément en fureur et fait alors, avec son bec, des morsures assez redoutables.

Elle passe la plus grande partie de son existence à terre, courant les prairies pour y brouter l'herbe dont elle fait sa nourriture ; la nuit, elle aime à se rapprocher du bord des eaux. Elle nage comme le Canard, mais ne plonge pas.

Fig. 94. — Oie. Hauteur, 50 cent.

Les *Oies domestiques* descendent de l'*Oie cendrée,* espèce migratrice comme le Canard sauvage. Ce sont des animaux que l'on torture d'une manière barbare pour en tirer de meilleurs produits : on les plume vives deux fois par an afin d'obtenir leur duvet ; on les gave d'aliments et on les prive d'exercice et de lumière pour déterminer chez elles une maladie qui provoque le développement exagéré du foie. Ces *foies gras* sont très estimés et font la réputation de certaines villes, Toulouse et Strasbourg notamment. La chair de l'Oie est délicate, mais un peu lourde.

102. Les Cygnes. — Les *Cygnes* (fig. 95) sont plus grands que les Oies et mieux faits pour la natation que les Canards ; ils se distinguent par la forme gracieuse de leur cou très allongé.

Le *Cygne domestique* fait la beauté des pièces d'eau par

la grâce de ses mouvements et l'éclatante blancheur de son plumage. Il descend du *Cygne à bec rouge*, espèce migratrice qui habite le nord et l'est de l'Europe. Son régime alimentaire ne diffère pas beaucoup de celui du Canard. On élève aussi, pour l'ornement, des Cygnes noirs.

103. Caractères des Palmipèdes. — On a réuni sous le nom de *Palmipèdes* tous les oiseaux dont les doigts, réunis par une large

Fig. 95. — Cygne blanc. Hauteur, 70 cent.

membrane, servent de palette natatoire. Tous n'ont pas le bec large des trois espèces précédentes, mais tous nagent très facilement et ont à terre des mouvements embarrassés.

CHAPITRE XI

Reptiles. — Caractères essentiels. — Lézards, Couleuvres et Vipères, Tortues.

LES LÉZARDS; CARACTÈRES DES REPTILES

104. Le Lézard des murailles. — Si, pendant la belle saison, vous examinez un vieux mur crevassé et bien chauffé par le soleil, vous verrez bientôt sortir de quelque fente, et s'aventurer peu à peu au dehors, un petit animal grisâtre, plein de gentillesse et de vivacité : c'est le *Lézard des murailles* (fig. 96).

Il n'est pas d'être d'humeur plus douce que cet animal :

on lui donne, dans certaines campagnes, le nom d'*ami de l'homme*, et cette appellation flatteuse n'a rien d'exagéré.

Le Lézard des murailles, en effet, n'est pas seulement un gentil et très sociable animal ; il est en outre un chasseur intrépide, et il passe toute la belle saison à pourchasser et à détruire les vers et insectes, qu'il capture en projetant au dehors sa langue engluée de salive.

Le Lézard est un type excellent pour l'étude des Reptiles ; il a le corps étiré, la queue longue et grêle, la tête

Fig. 96. — Lézard des murailles, grand. nat. : adulte et jeune.

plate en dessus ou peu convexe, le corps couvert d'écailles, et des pattes remarquablement courtes.

Les pattes du Lézard méritent d'attirer l'attention. Elles font un angle droit avec les flancs de l'animal, de sorte que le bras et la cuisse, au lieu d'être placés presque verticalement, comme chez les Mammifères et les Oiseaux, sont dans une position horizontale et presque parallèle au sol. Il en résulte que, malgré la direction verticale de l'avant-bras et de la jambe, le corps est très peu soulevé, et que le ventre traîne toujours plus ou moins à terre.

Au simple toucher, on reconnaît aisément que le corps du Lézard n'a pas la même température que celui des Mammifères et des Oiseaux : il est chaud quand il fait chaud, froid quand il fait froid. Le Lézard, en d'autres termes, est un animal à température variable ou, comme on dit plus brièvement, un *animal à sang froid*. Ses fonctions internes ne dégagent pas suffisamment de chaleur pour qu'il soit en mesure de lutter contre le refroidissement. Aussi, quand arrive l'hiver, tombe-t-il dans une profonde léthargie.

Les Lézards vivent par couples comme les Pigeons. Les femelles pondent huit à dix œufs semblables à ceux des Oiseaux, mais plus petits et à coque peu résistante ; les parents ne couvent pas leurs œufs et les exposent simplement à la chaleur du soleil.

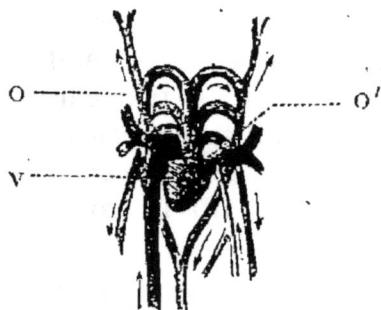

Fig. 97. — Cœur et principaux vaisseaux du Lézard.

105. Caractères des Reptiles. — Tous les *Reptiles* sont, comme le Lézard, des animaux à sang froid, et tous ceux de nos pays sont sujets à la léthargie hibernale. Le corps des Reptiles est recouvert d'écailles, et les pattes, quand elles existent, se meuvent parallèlement au sol au niveau du bras et de la cuisse. Les femelles pondent des œufs volumineux, qui se développent sur le sol à la chaleur du soleil.

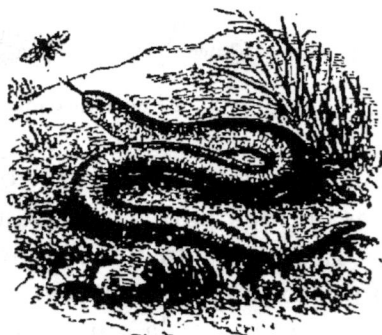

Le cœur des Reptiles comprend en général trois cavités : deux oreillettes (O et O') et un ventricule (V. fig. 97).

Fig. 98. — Orvet. Long., 20 cent.

Les représentants indigènes de la classe des Reptiles sont les *Lézards,* les *Serpents* et les *Tortues.*

106. Les Lézards de France. — Le Lézard des murailles est une des plus petites espèces de France et ne dépasse pas 20 centimètres de longueur ; il est loin d'atteindre la taille d'une autre espèce indigène, le magnifique *Lézard vert,* et moins encore celle du grand *Lézard ocellé,* qui atteint parfois 50 centimètres de longueur.

Tous ces-animaux se nourrissent d'insectes et de vers, et sont de précieux auxiliaires pour le cultivateur.

On doit en dire autant d'une sorte de Lézard, en apparence dépourvu de pattes, qu'on trouve fréquemment au milieu des taillis et dans les herbes. Cet animal, auquel on donne les noms d'*Orvet* (fig. 98) et de *serpent de verre,* parce que sa queue se brise très facilement, a en réalité des pattes comme les autres Lézards; mais elles sont très petites et restent à tout âge cachées sous la peau.

LES SERPENTS

107. Les Couleuvres. — Les *Couleuvres* ressemblent un peu à l'Orvet, mais elles sont complètement dépourvues de pattes, même sous la peau. Ce sont, en d'autres termes, de vrais *Serpents*.

Elles n'ont, d'ailleurs, ni l'allure générale ni la physionomie des Lézards : leur corps est infiniment plus allongé, leur contour est plus arrondi, leur bouche est bien plus grande et peut se dilater démesurément; leurs yeux, enfin, sont dépourvus de paupières.

Fig. 99. — Vipère commune. Long., 60 cent.

Il est douteux qu'on doive ranger les Couleuvres parmi les animaux utiles; elles détruisent, il est vrai, un grand nombre de petits rongeurs; mais elles s'attaquent aux Lézards et aux Batraciens, et l'on dit même qu'elles dévorent les œufs des oiseaux. Comme tous les Serpents, les Couleuvres avalent leur proie tout d'une pièce; elles la digèrent longtemps et peuvent rester des mois entiers sans prendre de nourriture. Les nombreuses dents dont est armée leur bouche sont toutes dirigées en arrière et, comme celles des Lézards, ne servent qu'à capturer la proie.

Les Couleuvres sont nombreuses en France, et certaines d'entre elles, facilement irritables, mordent pour peu qu'elles soient excitées. Mais cette morsure n'est pas dangereuse, ces animaux étant incapables d'inoculer leur venin.

108. Les Vipères. — Quoique très semblables aux Couleuvres, les Vipères doivent en être distinguées avec soin, à cause des armes qu'elles possèdent pour inoculer le venin qu'elles sécrètent.

Ces armes (fig. 100, II) sont deux longues dents implantées en avant sur la mâchoire supérieure ; elles ont la forme de *crochets* aigus et recourbés et sont traversées sur toute leur longueur par un canal qui communique avec la glande à venin.

Quand la Vipère est au repos, les crochets sont couchés en arrière, contre le plafond de la bouche ; mais lorsqu'elle veut mordre, ils se redressent brusquement et laissent couler dans la plaie, par l'orifice de leur canal, le liquide venimeux sécrété par les glandes.

Il est rare que la morsure des Vipères produise la mort chez l'homme adulte, mais il n'en est pas toujours de même chez l'enfant. Le meilleur moyen de lutter contre le mal est « d'élargir de suite la

Fig. 100. — Tête de la vipère : I, en dessus ; II, latéralement.

plaie, de la sucer, d'appliquer une étroite ligature au-dessus du point mordu et de cautériser la plaie avec le fer rouge, la pierre infernale ou avec une mixture à parties égales d'alcool et d'acide phénique ; ces premiers soins donnés, il est toujours prudent d'appeler un médecin aussitôt que possible. Le meilleur médicament à prendre à l'intérieur est l'alcool à forte dose. » (M. Sauvage.)

Il y a en France deux Vipères, la *Vipère commune* et la *Péliade* ou petite Vipère ; elles ont une couleur brune ou roussâtre avec des bandes noires transversales

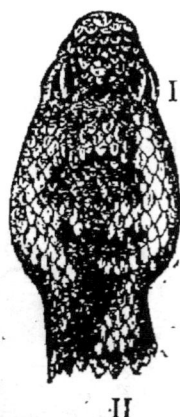

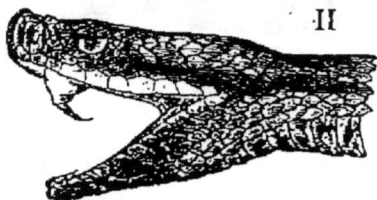

situées sur le dos, et souvent unies en zigzags. Certaines Couleuvres présentent une coloration analogue, mais peuvent se distinguer néanmoins assez facilement de la Vipère : les Couleuvres ont la tête ovale et couverte d'un petit nombre de grandes écailles (fig. 101, I); les Vipères ont la tête largement triangulaire et ordinairement couverte de petites écailles imbriquées (Vipère commune, fig. 100, I), ou moins grandes que celles des Couleuvres (Péliade, fig. 101, II); la queue des Couleuvres est longue et se termine en pointe, celle des Vipères est bien plus courte et se termine assez brusquement; les yeux de la Couleuvre sont à fleur de peau et ont une prunelle arrondie, tandis que ceux de la Vipère sont saillants, protégés par une écaille, et se font remarquer par leur prunelle verticale, quand ils sont frappés par la lumière.

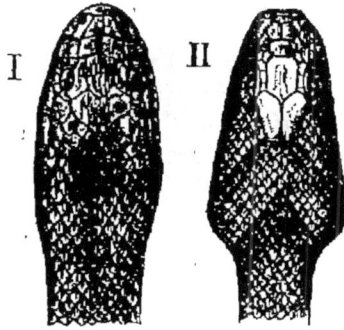

Fig. 101. — Tête de Couleuvre (I) et de Vipère Péliade (II). Long. de l'animal : Couleuvre, 65 cent.; Péliade, 50 cent.

Les Vipères recherchent le voisinage des taillis secs et rocailleux. Elles paraissent vivipares, parce que leurs œufs arrivent à l'éclosion avant d'être pondus.

LES TORTUES

109. On vend fréquemment, dans les villes, un reptile à dos bombé et arrondi, protégé en dessus comme en dessous par une résistante cuirasse ; ce reptile est la *Tortue grecque* (fig. 102), ainsi nommée parce qu'elle est commune dans le midi de l'Europe et spécialement en Grèce.

La cuirasse (fig. 103) de la Tortue grecque se compose de plaques osseuses intimement unies; elle entoure complètement le corps, sauf en avant, où elle laisse passer la tête et les membres antérieurs, et en arrière, où elle laisse passer la queue et les membres postérieurs; sa partie dorsale est connue sous le nom de *carapace* (PM), et sa partie ventrale sous celui de *plastron* (P). La carapace et le plastron sont recouverts par de minces plaques cornées; dans certaines tortues marines, ces plaques deviennent très épaisses et constituent l'*écaille* du commerce.

Fig. 102. — Tortue grecque. Long., 30 cent.

La Tortue n'a pas de dents, mais ses mâchoires sont protégées par une sorte de bec, qui lui sert à brouter l'herbe et à ronger les racines dont elle fait sa nourriture. Quand arrive l'hiver, elle se creuse une sorte de terrier et y tombe en léthargie.

La Tortue grecque pond des œufs gros comme une petite noix; elle les dépose dans des trous exposés au soleil et les abandonne ensuite complètement. Quand les jeunes ont consommé toutes les matières contenues dans l'œuf, ils brisent la coquille et éclosent comme ceux des Oiseaux. On prépare avec la chair de la Tortue grecque des bouillons de bonne qualité.

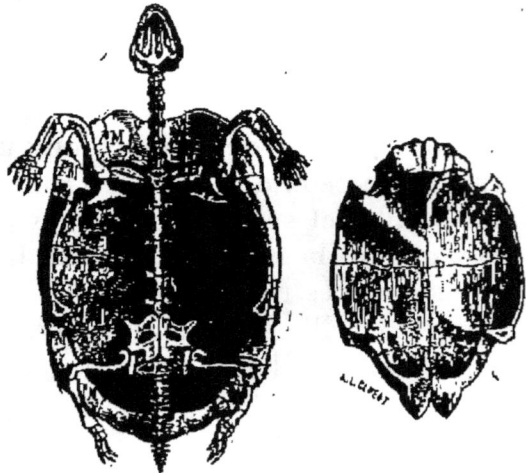

Fig. 103. — Squelette de la Tortue grecque, avec le plastron (P) séparé.

Il existe dans les marais du centre et du midi de la France une tortue plus petite que la précédente et dont la face dorsale est beaucoup moins bombée. Comme toutes les Tortues, elle est protégée par une épaisse cuirasse et présente, au lieu de dents, une sorte de bec corné.

CHAPITRE XII

Batraciens : métamorphoses de la Grenouille.

LA GRENOUILLE VERTE, SES MÉTAMORPHOSES

110. La Grenouille verte. — La *Grenouille verte* (fig. 104) ne s'éloigne guère des eaux; elle habite indifféremment rivières et étangs, marais et fossés, recherchant de préférence les endroits abrités par des roseaux ou couverts de plantes aquatiques. Parfois elle nage ou plonge pour faire la chasse; mais elle se tient plus souvent sur les bords, ou bien à moitié immergée, la tête hors de l'eau, soutenue par des feuilles flottantes ou par quelque roseau. C'est le moment où elle se chauffe au soleil, en apparence indifférente à tout, en réalité

Fig. 104. — Grenouille verte. Réduite au 1/4.

guettant une proie et l'attention en éveil : survienne un passant, l'alerte est bien vite donnée; d'un saut les Grenouilles quittent leur poste d'observation et plongent pour se cacher dans la vase.

La Grenouille verte est blanche ou jaunâtre sous le ventre, verte avec des taches brunes et des bandes jaunes sur la face dorsale; sa peau est nue et toujours humide, lisse sur la face ventrale, parsemée de pustules ou de plis sur les côtés et sur le dos. Le corps de l'animal est fort, assez large et un peu aplati; les membres antérieurs sont courts et se terminent par quatre doigts isolés (fig. 105); les postérieurs (fig. 105) sont fort allongés et se terminent par cinq doigts, réunis entre eux par une membrane natatoire. Ce sont les membres postérieurs qui jouent le principal rôle dans la locomotion, et ils sont munis, à cet effet, de muscles très développés.

Au repos (fig. 104), la Grenouille est soulevée sur ses pattes antérieures et accroupie sur celles de derrière, qui sont repliées deux fois sur elles-mêmes et ramenées sur les flancs. A terre, l'animal se contente de détendre

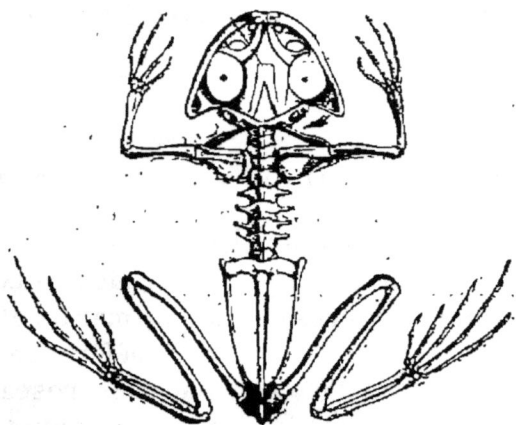

Fig. 103. — Squelette de Grenouille.

ses pattes comme un ressort, pour faire un saut en avant; dans l'eau, il nage de la même manière, utilisant comme une rame la membrane qui relie entre eux ses orteils.

La tête de la Grenouille (fig. 106) est grosse et ne se sépare pas du reste du corps; on y voit, comme sur celle du Lézard, en avant des narines (n), sur les côtés des yeux (o) munis d'une paupière, et un peu plus en arrière une membrane (t) à fleur de peau, qui est la partie la plus externe de l'organe de l'audition. La bouche est largement fendue et armée de nombreuses petites

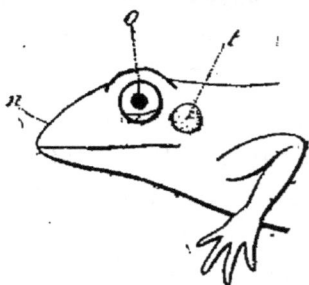

Fig. 106. — Tête de Grenouille, vue de côté.

dents. La langue est large et imprégnée d'un fluide visqueux; contrairement à ce qu'on observe chez les autres animaux, elle est attachée en avant, libre en arrière, de sorte qu'elle peut être facilement projetée au dehors.

C'est avec sa langue que la Grenouille attrape les proies dont elle se nourrit; aperçoit-elle un insecte à sa conve-

nance, elle s'élance sur lui la bouche ouverte et la langue
étendue; les dents servent simplement, comme celles du
Lézard, à retenir l'animal capturé. Les Grenouilles sont
des animaux très utiles, car elles ne se nourrissent que
de proies vivantes, insectes, vers ou mollusques aquatiques; on leur reproche pourtant de manger le frai des
poissons.

La Grenouille est, comme les Reptiles, un animal à
sang froid et à température variable; quand vient l'hiver,
elle s'enfonce dans la vase, et y tombe en léthargie. Dans
ce refuge, où elles se protègent de leur mieux contre le
froid, les Grenouilles sont ordinairement réunies en grand

Fig. 107. — Métamorphoses de la Grenouille.

nombre, et il n'est pas rare d'en capturer au même point
plusieurs centaines.

111. Aux premiers beaux jours du printemps, la léthargie cesse, et l'époque du frai commence : elle dure
quinze à vingt jours environ; après quoi, la Grenouille
verte reprend sa vie normale, abandonnant au milieu des
eaux ses chapelets d'œufs réunis en grosses pelotes glai-
reuses.

112. **Métamorphoses de la Grenouille verte** (fig. 107).
— Au bout d'une semaine environ, il sort de l'œuf un
petit animal aveugle, dépourvu de membres, à queue
longue et aplatie. En raison du volume énorme de sa tête,
on donne à cet animal le nom de *têtard;* il nage en agi-
tant sa queue, et se nourrit de matières végétales.

Bientôt (1) apparaissent, sur les côtés de la tête, trois

paires de panaches que le têtard peut agiter dans l'eau ; ces organes, que nous n'avons pas encore rencontrés jusqu'ici, servent à la respiration des animaux essentiellement aquatiques, et reçoivent le nom de *branchies ;* le sang qui les parcourt incessamment échange son gaz carbonique contre l'oxygène contenu dans l'eau.

Au bout d'une quinzaine, ces branchies *externes* sont enlevées par une mue (2) et sont remplacées par des branchies *internes ;* le têtard est alors pourvu d'yeux, ses membres postérieurs apparaissent, et des poumons se développent à l'intérieur de son corps.

Une nouvelle mue fait disparaître à leur tour les branchies internes ; la respiration devient pulmonaire, et le têtard doit, par moments, venir à la surface pour y chercher l'air respirable. Peu à peu les membres antérieurs se développent (3), la queue s'atténue (4) et disparaît (5), si bien que, quatre mois environ après la ponte, le têtard se trouve complètement transformé en grenouille. La transformation n'a pas seulement porté sur la structure de l'animal, elle s'est fait également sentir sur ses habitudes et sur ses goûts ; de sorte qu'au lieu d'un têtard herbivore et essentiellement aquatique, nous avons maintenant un animal exclusivement carnassier, et qui passe hors de l'eau une grande partie de son existence.

A ces transformations multiples que subit la Grenouille, depuis le moment où le jeune sort de l'œuf jusqu'à la réalisation de l'état adulte, on a donné le nom de *métamorphoses,* et on donne indifféremment les noms de *têtards* et de *larves* aux individus qui ne sont pas encore arrivés à l'état adulte..

LES DIVERS BATRACIENS ; CARACTÈRES DES BATRACIENS

113. Batraciens sans queue. — On trouve, en France, une autre espèce de Grenouille qui recherche de préférence les prairies et les bois, c'est la *Grenouille rousse ;* elle fraye un peu plus tôt que la Grenouille verte et s'enfonce comme elle dans la vase pendant l'hiver. Les deux espèces ont une chair délicate, surtout en été et en automne ; en France, on ne consomme guère que la partie postérieure de leur corps.

Les *Crapauds* (fig. 108) ressemblent beaucoup aux Gre-

Fig. 108. — Crapaud commun.
Réduit au 1/4.

nouilles, mais ils ont des formes plus lourdes et les membres postérieurs plus courts ; aussi marchent-ils, pour la plupart, au lieu de sauter. Leur corps est couvert de pustules glanduleuses qui leur donnent un aspect répugnant ; certaines de ces pustules sont venimeuses, surtout celles qui forment une masse volumineuse en arrière de l'œil.

Les *Crapauds* ont les mêmes habitudes que les Grenouilles ; les uns sont essentiellement terrestres, d'autres franchement aquatiques ; mais en général leurs œufs se

Fig. 109. — Salamandre. Long., 12 cent.

développent dans l'eau comme ceux des Grenouilles. Ce sont des animaux très utiles, qui détruisent un nombre considérable de mollusques et d'insectes. Il faut se garder de les détruire.

114. Batraciens pourvus d'une queue. — Certains Batraciens restent pendant toute leur vie à l'état où le têtard possède quatre membres et une queue. Ces animaux sont représentés dans nos pays par le *Triton* d'eau douce et la *Salamandre* terrestre (fig. 109), qu'on prendrait à tort pour des lézards. Ces Batraciens ont des pustules venimeuses comme les Crapauds.

115. Caractères des Batraciens. — Les Batraciens sont des animaux à sang froid et à température variable comme les Reptiles, mais leur peau est complètement nue, et, au lieu de pondre leurs œufs à terre comme ces derniers, ils les pondent dans l'eau. Ces œufs ne ressemblent pas à ceux des Oiseaux ; ils sont gélatineux, gluants et gros comme une tête d'épingle. Les jeunes qui en sortent sont appelés *têtards ;* ils diffèrent beaucoup de l'adulte, et respirent avec des branchies, au moins pendant la première partie de leur existence.

Le cœur des Batraciens se compose, comme celui des Reptiles, de deux oreillettes et d'un ventricule.

CHAPITRE XIII

Poissons : caractères essentiels. — Importance des Poissons au point de vue de l'alimentation.

LA CARPE

116. Habitudes de la Carpe. — Les Poissons ne passent pas pour des animaux très sociables ; ils sont plutôt stupides et farouches, et l'on essayerait en vain de les apprivoiser. Il en est un pourtant que n'effraye pas trop le voisinage de l'homme, et qui finit même par s'y accoutumer ; c'est la *Carpe* (fig. 110).

Dans les pièces d'eau des parcs, dans les fossés des châteaux, voire même dans beaucoup d'étangs, les Carpes deviennent bientôt d'une familiarité extrême : elles suivent le promeneur qui passe sur la rive, s'approchent de la surface comme si elles attendaient de lui quelque aubaine, et se précipitent sur la moindre parcelle d'aliment qu'on veut bien leur jeter.

A vrai dire, les Carpes des étangs et des parcs ne sont plus à l'état sauvage ; ce sont des animaux domestiques. Il leur faut des eaux calmes ou à cours peu rapide, vaseu-

5.

ses au fond et ombragées d'herbes. C'est là qu'elles trouvent les aliments nécessaires à leur subsistance : des larves et des matières en décomposition dans la vase, des bourgeons et des feuilles parmi les plantes aquatiques, des insectes et de menus débris dans les eaux de la surface. Elles sont essentiellement omnivores, et accueillent avec un égal plaisir les matières végétales et animales. D'ailleurs, elles ne sont pas armées pour la chasse, et ne possèdent que quelques dents tuberculeuses sur le milieu de la voûte buccale.

117. Aspect de la Carpe (fig. 110). — La Carpe est dépourvue de cou ; son corps est comprimé sur les côtés, assez long et beaucoup plus gros au milieu qu'à ses deux extrémités ; il a, en d'autres termes, la forme qui convient le mieux à un animal dont la vie se passe dans l'eau.

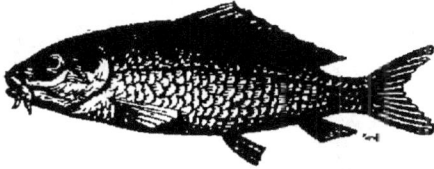

Fig. 110. — Carpe. Long., 46 cent.

La peau est recouverte de grandes écailles arrondies en arrière, et imbriquées comme les tuiles d'un toit ; ces écailles brillent de reflets agréables, que relève de teintes bleuâtres et dorées la coloration brune et un peu verdâtre de l'animal.

Les yeux sont ronds et dépourvus de paupières, comme ceux de tous les Poissons ; ils sont situés en arrière des narines, qui sont représentées par deux trous de chaque côté. La bouche n'est pas grande, et présente deux paires de barbillons sur sa lèvre supérieure.

La taille de l'animal peut devenir considérable ; on cite, en effet, des Carpes qui mesuraient un mètre de longueur, et qui pesaient de 15 à 20 kilogrammes.

118. Les nageoires et la natation (fig. 111). — Les organes de la natation, chez la Carpe, sont des palettes membraneuses soutenues pas des rayons osseux ; on les appelle des *nageoires*. Ces organes sont de deux sortes : les uns sont pairs et occupent les côtés

du corps, les autres impairs et situés sur sa ligne médiane.

Les *nageoires paires* représentent les membres des autres Vertébrés : celles qui correspondent aux membres
antérieurs sont placées immédiatement en arrière de la
tête et reçoivent le nom de *nageoires pectorales* (P); celles
qui correspondent aux membres postérieurs sont au-des-

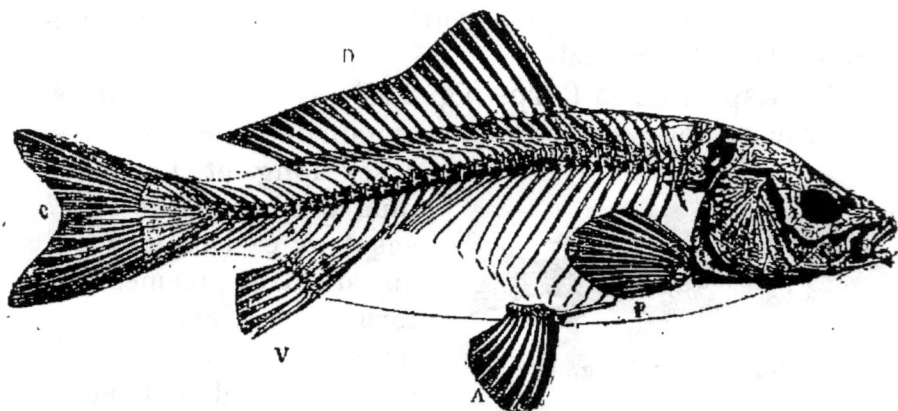

Fig. 111. — Squelette de la Carpe.

sous et en arrière ; on les appelle des *nageoires abdominales* (A).

Les *nageoires impaires* sont au nombre de trois : une
dorsale (D) très allongée, une *caudale* (C) ou terminale
échancrée en arrière, une *anale* (V) située immédiatement
en arrière de l'anus. La nageoire caudale est verticale,
comme toutes les nageoires impaires des Poissons.

Les rayons des nageoires sont formés d'une multitude
de petits osselets disposés à la suite les uns des autres ;
aussi ces rayons sont-ils très flexibles et permettent-ils
aux nageoires de se plier en tous sens. Toutefois, sur
le bord antérieur des nageoires dorsale et anale, se trouve
un rayon raide et terminé en pointe ; ce rayon permet
aux nageoires de se tendre et sert d'arme à l'animal.

La Carpe avance dans l'eau par les mouvements de sa
large queue et par ceux qu'effectuent les nageoires paires :

la queue du poisson est une godille, et les autres nageoires impaires jouent le rôle de gouvernail.

A l'intérieur du corps se trouve un grand sac, rempli de gaz, qui porte le nom de *vessie natatoire* (fig. 112, *vn*) et qui peut, en se comprimant ou en se dilatant, permettre au poisson de descendre ou de s'élever dans l'eau.

La Carpe nage avec une agilité extrême; elle saute même, comme le Saumon, pour franchir des obstacles, et

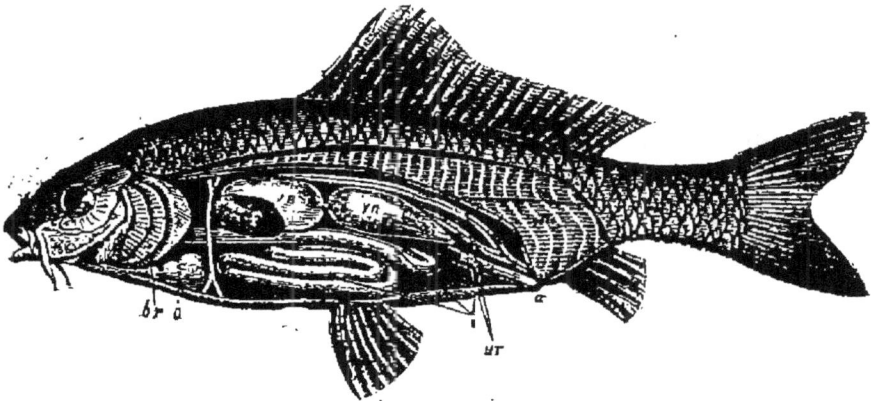

Fig. 112. — Órganes de la Carpe (opercule et paroi gauche du corps enlevés).

peut alors faire des bonds de plus de quatre pieds au-dessus de l'eau.

119. Respiration. — A droite et à gauche de la tête, entre l'œil et le point d'attache des nageoires pectorales, on voit sur la Carpe une fente arquée qui donne accès dans une vaste chambre. Quand on introduit le doigt dans la fente, on soulève une espèce de porte articulée en avant, et on pénètre immédiatement dans l'intérieur de la chambre. Chacune de ces portes est désignée sous le nom d'*opercule,* et l'on appelle *ouïes* les deux chambres, bien qu'elles n'aient aucun rapport avec l'appareil de l'audition, qui est complètement caché dans la tête.

A l'intérieur des chambres (fig. 112) se trouvent les *branchies* (*br*), c'est-à-dire les organes respiratoires du poisson; il y en a quatre dans l'une et l'autre chambre.

Chaque branchie est formée d'un arceau osseux mobile qui porte en dehors une double rangée de lamelles traversées par le sang.

Les branchies sont interposées entre les ouïes et la chambre buccale; elles sont séparées par des fentes qui établissent une communication entre ces deux cavités. Quand la Carpe respire, ce qu'elle fait en ouvrant et en fermant simultanément la bouche et les ouïes, la plus grande partie de l'eau entre par la bouche, traverse les fentes interbranchiales et sort par les ouïes.

120. Reproduction. — Les Carpes frayent au printemps, du mois d'avril au mois de juin. Réunies en grand nombre, près de la surface de l'eau, en un point où abondent les plantes aquatiques, elles s'agitent alors beaucoup, frappent l'eau de leur queue et finalement abandonnent leurs œufs sur les plantes. Ces œufs sont très petits et connus sous le nom de *frai*.

Le nombre des œufs est très considérable et peut s'élever à un demi-million pour une femelle de moyenne taille. Au bout de huit jours, ils donnent naissance à des jeunes qui se développent rapidement et qui sont en état de se reproduire dès la troisième année.

On a cru, sans beaucoup de raisons, que les Carpes pouvaient vivre très longtemps, et que certaines encore vivantes (Carpes de Fontainebleau) remontaient jusqu'à François Ier. Cette opinion ne repose sur aucun fondement, et il ne paraît pas que cet animal puisse vivre plus de quinze à vingt ans.

CARACTÈRES DES POISSONS. IMPORTANCE DE LEUR PÊCHE

121. Caractères des Poissons. — Les Poissons se rangent parmi les Vertébrés ovipares, à sang froid et à température variable; ils vivent dans l'eau et respirent au moyen de branchies formées par des arceaux solides qui supportent des lamelles branchiales. Leur corps est recouvert d'écailles et se rétrécit à ses deux extrémités;

ils présentent un certain nombre de nageoires impaires, et ordinairement deux paires de nageoires symétriques qui correspondent aux membres des autres Vertébrés. Ils pondent leurs œufs dans l'eau et se développent sans métamorphoses.

Le corps des Poissons, comme celui des Baleines, se fait remarquer par sa forme et par ses appendices, qui le rendent éminemment propre à se déplacer dans l'eau. L'organisation extérieure de ces animaux est si avantageuse pour la natation qu'elle a de tout temps servi de modèle aux constructeurs de bateaux, et que les navires dont la marche est la plus rapide sont en même temps ceux dont la forme rappelle le mieux celle des Baleines et des Poissons.

Le cœur (fig. 112, c) des Poissons n'a que deux cavités, une oreillette et un ventricule.

122. Importance des Poissons au point de vue de l'alimentation. — Certains poissons habitent la mer, d'autres les eaux douces ; un très petit nombre peuvent, à certaines époques, abandonner la mer pour frayer dans les eaux douces, et *vice versa*.

Les poissons d'eau douce tiennent certainement une place dans l'alimentation, et ils procurent des ressources à un certain nombre de pêcheurs ; mais ils sont loin d'avoir l'importance des poissons de mer.

Grâce à l'étendue de nos côtes et à la richesse de nos mers en poissons, la pêche maritime peut compter comme l'une des industries les plus florissantes de la France.

En 1885, elle était pratiquée par 85,915 marins montant 23,877 bâtiments de tout tonnage, et rapportait en chiffres bruts 70,000,000 de francs, sans compter toutes les industries annexes qui viennent se greffer sur la pêche maritime, culture et vente des Huîtres, pêche du Corail, récolte sur la côte des Homards et d'un grand nombre de crustacés.

CHAPITRE XIV

Poissons : principales espèces comestibles.

---

123. Le squelette des Poissons, dans ses traits essentiels, ne diffère pas de celui des autres Vertébrés, mais il n'a pas toujours la même consistance. Chez certains Poissons, il renferme une grande quantité de matière calcaire ; — chez d'autres, au contraire, l'élément calcaire disparaît, et le squelette se réduit à une matière translucide, facile à couper et flexible, à laquelle on donne le nom de *cartilage*. De là une classification des Poissons en deux groupes : les *Poissons osseux* et les *Poissons cartilagineux*.

LES POISSONS OSSEUX

124. **Poissons osseux malacoptérygiens.** — Un grand nombre de Poissons osseux, parmi lesquels il faut compter la Carpe, sont caractérisés par la structure de leurs nageoires dorsale et anale, dont les rayons sont presque tous

Fig. 113. — Brochet. Long., 60 cent.

formés de petits osselets disposés à la suite les uns des autres. Comme on l'a vu précédemment, ces rayons soutiennent imparfaitement les nageoires, qui sont flexibles et molles; d'où le nom de *malacoptérygiens* qu'on a donné aux poissons ainsi faits.

125. Plusieurs poissons comestibles de ce groupe habitent exclusivement les eaux douces, comme la *Carpe*. Parmi eux, il faut citer notamment la *Tanche*, dont les écailles sont très petites; le *Goujon*, qui est recherché pour sa chair délicate; le *Brochet* (fig. 113), que Lacépède

a désigné sous le nom de requin des eaux douces, à cause de sa voracité; enfin nombre de poissons communs dans les rivières, entre autres le *Gardon*, le *Barbeau* et l'*Ablette*.

Un des poissons d'eau douce les plus estimés est la *Truite* (fig. 114), qu'on pêche surtout dans les eaux froides et limpides; elle se cache le jour sous les pierres et profite des heures de la nuit pour entreprendre ses excursions. Le *Saumon* ressemble beaucoup à la Truite et n'a pas des qualités moindres; mais il passe une partie de l'année dans les eaux de l'océan Atlantique, et remonte au printemps dans les fleuves et dans les rivières pour frayer. Il peut peser jusqu'à 40 kilogrammes. L'*Alose* effectue

Fig. 114. — Truite. Long., 30 cent.

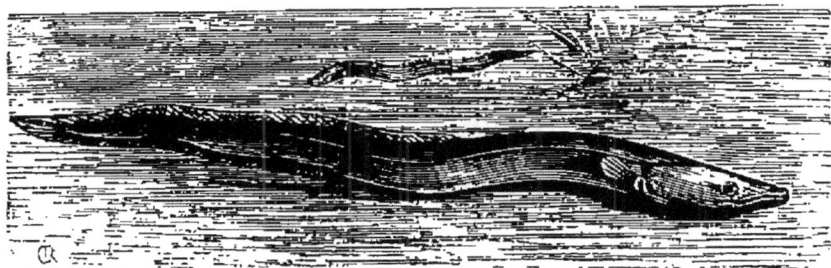

Fig. 115. — Anguille. Long., 60 cent.

les mêmes migrations que le Saumon, mais elle ne lui ressemble pas et se rapproche bien plus du Hareng.

Les *Anguilles* (fig. 115) partagent aussi leur existence entre la mer et les cours d'eau. Leur corps est allongé comme celui d'un serpent, leurs nageoires impaires se réunissent en une seule qui commence sur le dos, en arrière de la tête, et qui se termine sur la face ventrale, au voisinage de l'anus. L'Anguille est peu différente d'un grand poisson exclusivement marin, le *Congre*, mais sa chair est plus délicate et moins lourde.

126. Le *Hareng* et les malacoptérygiens qui lui res-

semblent, la *Sardine* et l'*Anchois*, sont des poissons marins et font l'objet d'une pêche très importante. En 1885, les bateaux français ont vendu pour 8,642,417 francs de harengs et pour 11,427,271 francs de sardines.

Le *Hareng* est un poisson des mers déjà septentrionales. Il n'apparaît pas en même temps à la surface sur toutes les côtes : les marins de la Manche vont le pêcher vers le 15 juin aux Orcades, ils se dirigent ensuite sur les côtes de l'Écosse, pêchent en août au large de Newcastle, en octobre en vue de Dunkerque, et continuent dans la Manche jusqu'à la fin de décembre.

La pêche du Hareng se fait pendant la nuit au moyen de très grands filets suspendus à des barriques flottantes. Lorsque les Harengs viennent à rencontrer ces filets, ils veulent passer outre, engagent leur tête dans les mailles et se font prendre par les ouïes.

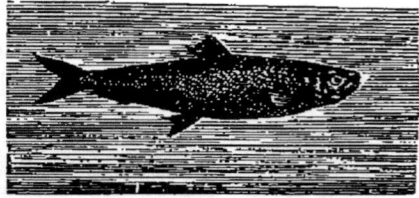

Fig. 116. — Sardine. Long., 15 cent.

Les Harengs voyagent par troupes nombreuses et serrées et sont, comme la plupart des poissons, d'une fécondité extraordinaire.

La *Sardine* (fig. 116) remonte moins loin vers le nord que le Hareng, mais elle s'avance plus loin vers le sud et pénètre même dans la Méditerranée. On la pêche surtout au large de l'embouchure de la Loire : les filets employés n'ont pas plus de 20 mètres de longueur; on y attire le poisson en jetant dans la mer, comme appât, des œufs de morue ou de maquereau.

L'*Anchois* ressemble beaucoup à la Sardine et n'est pas de plus grande taille; il se pêche surtout dans la Méditerranée et en Hollande. Les bateaux s'avancent au large pendant la nuit et attirent les poissons par la lumière d'un réchaud; quand la troupe tout entière est entourée par les filets, on plonge le réchaud dans la mer : les Anchois, effrayés par l'obscurité subite, se sauvent et vont se faire prendre par la tête dans les mailles des filets.

127. Une autre pêche plus importante encore est celle d'un très grand malacoptérygien, la *Morue;* elle a produit en France, pour l'année 1885, 16,400,813 francs.

La Morue (fig. 117) est un poisson des mers septentrionales; on la trouve aussi dans la Manche, mais elle se pêche surtout aux environs des îles Lofoden, en Norwège, et sur les côtes de Terre-Neuve et du Labrador, en Amérique. De nombreux bateaux français se rendent tous les ans à Terre-Neuve et pêchent la Morue pendant une bonne partie de la belle saison.

Fig. 117. — Morue. Long., 80 cent.

La Morue se pêche à la ligne avec une corde armée d'un gros hameçon. La meilleure amorce est un petit poisson, appelé *Capelan,* qui mesure 20 centimètres de longueur; mais l'animal est si vorace qu'on peut amorcer avec des morceaux de morue, ou même ne pas mettre d'amorce.

Le *Merlan* se rapproche beaucoup de la Morue, mais il est plus délicat, et sa taille est beaucoup plus faible.

128. Le Hareng, la Sardine, l'Anchois et la Morue se consomment bien moins à l'état frais que sous la forme de conserves; il n'en est pas de même des autres malacoptérygiens que nous allons étudier, et qui sont connus sous le nom de *Pleuronectes* ou *poissons plats.*

Les Pleuronectes les plus estimés sont les *Turbots,* les *Barbues* et les *Soles;* on les pêche en eaux françaises avec les mêmes filets que certaines autres espèces un peu moins délicates, la *Limande* (fig. 118) et le *Carrelet* notamment.

Les Pleuronectes très jeunes ne diffèrent en rien des autres poissons; les adultes, au contraire, se tiennent couchés sur le fond, s'aplatissent latéralement et nagent, comme en glissant, sur l'un des côtés du corps.

Ce genre de vie les rend tout à fait difformes et asymétriques. Le côté du corps en contact avec le fond reste absolument incolore, ses muscles changent sensiblement de position, en même temps que les yeux se déplacent et viennent tous deux occuper la face supérieure, la seule qui soit colorée. On croirait un poisson à face dorsale très aplatie; mais il n'en est rien, et ce que l'on prend

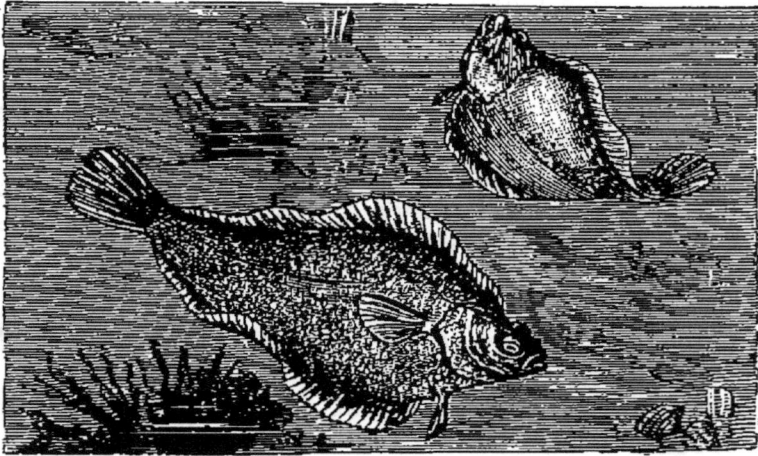

Fig. 118. — Limande. Long., 30 cent.

pour la face dorsale n'est pas autre chose que le flanc supérieur de l'animal.

129. Poissons osseux acanthoptérygiens. — D'autres Poissons osseux se font remarquer par les rayons raides et aigus (fig. 119) de leurs nageoires impaires opposées, et reçoivent pour cette raison le nom d'*acanthoptérygiens*.

Les poissons comestibles de ce groupe sont moins nombreux que ceux du précédent; les principaux sont la *Perche* parmi les espèces d'eau douce, le *Maquereau*, le *Thon* et le *Surmulet* parmi les espèces marines.

La *Perche* (fig. 119) est un poisson vorace qui cause de grands ravages dans les cours d'eau; elle est elle-même poursuivie par le Brochet, et doit recourir, pour sa défense, aux rayons épineux de sa nageoire dorsale. C'est un de nos meilleurs poissons d'eau douce.

Le *Thon* est le plus grand poisson comestible d'Europe ; il peut atteindre 4 mètres de longueur et peser six cents kilogrammes. En France, sa pêche se fait sur les côtes de la Méditerranée : les barques emprisonnent les bandes de thons avec leurs filets groupés en demi-cercle, puis les poussent vers la côte, où l'animal est massacré. Le Thon a une chair agréable, mais un peu lourde ;

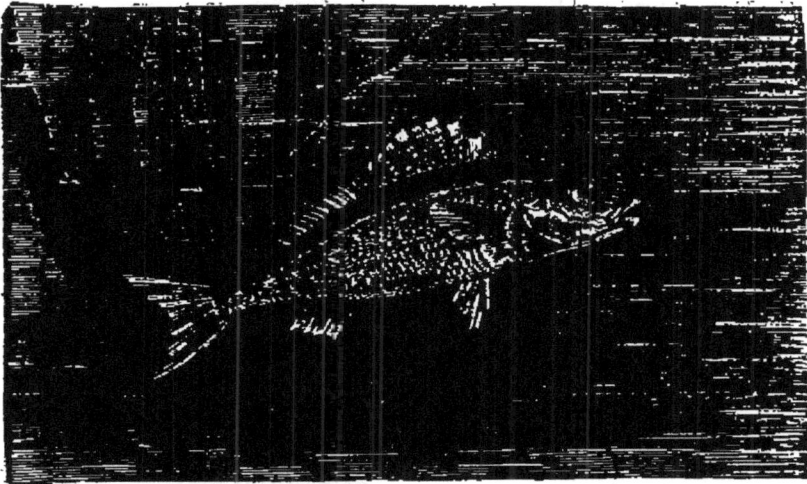

Fig. 119. — Perche. Long., 25 cent.

on le mange frais, salé, ou conservé cuit dans l'huile d'olive, comme les sardines.

Le *Maquereau* se consomme surtout à l'état frais ; c'est un beau poisson marbré, aux reflets métalliques ; on le pêche dans toutes les mers de France, surtout dans l'Océan et dans la Méditerranée.

La *Mulle* ou *Surmulet* est un poisson de couleur rouge, que les Romains recherchaient déjà à cause de la délicatesse de sa chair.

LES POISSONS CARTILAGINEUX

130. L'Esturgeon. — L'Esturgeon (fig. 120) ressemble aux Poissons osseux par la forme de son corps et par la structure de ses chambres branchiales; mais sa bouche

Fig. 120. — Esturgeon. Long., 1 mètre.

est située sur la face inférieure de la tête, et ses écailles

se réduisent à de
petits corps soli-
des incrustés dans
la peau, ainsi qu'à
de grands écus-
sons disposés en
plusieurs rangées
le long du corps.

Les Esturgeons
habitent la mer et
remontent dans les
fleuves au moment
de la reproduc-
tion; ils peuvent
atteindre jusqu'à
trois mètres de lon-
gueur. Leur chair

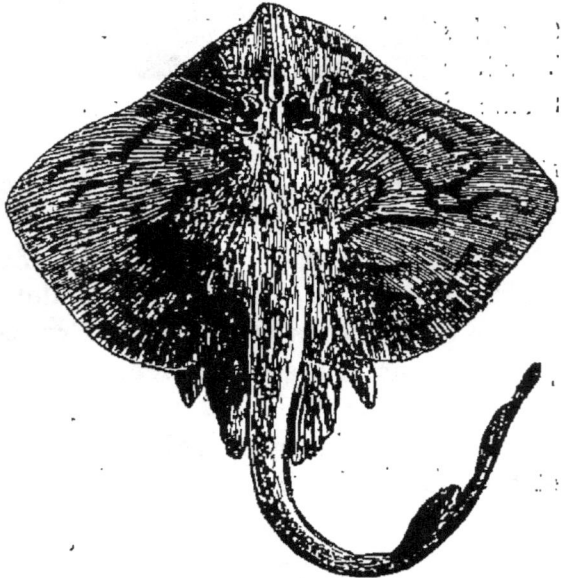

Fig. 121. — Raie bouclée. Larg., 60 cent.

est fort délicate, et l'on fait avec leur vessie natatoire une
excellente colle de poisson. En Russie, où ils sont très

nombreux, on sale leurs œufs et on en prépare un aliment appelé *caviar*.

131. La Raie. — La *Raie* et le *Requin* se distinguent de

Fig. 122. — Requin bleu. Atteint 3 mètres.

tous les poissons précédents : 1° par la disposition de leur bouche, qui se présente au-dessous de la tête sous la forme d'une fente transversale ; 2° par la disparition complète de l'opercule et des ouïes ; 3° par l'arrangement de l'appareil branchial, qui vient s'ouvrir sur chaque côté de la tête par une série linéaire de cinq fentes.

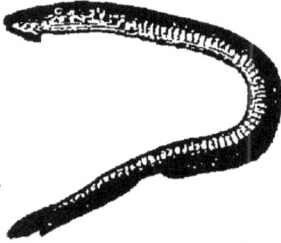

Fig. 123. — Lamproie. Long., 60 cent.

Les *Requins* (fig. 122) ont le corps allongé et la bouche garnie de dents nombreuses et tranchantes ; ce sont des animaux dangereux, voraces, et parfois de très grande taille ; leur chair n'a aucune qualité.

Les *Raies* (fig. 121) se font remarquer par le développement démesuré de leurs nageoires paires, et ressemblent à des poissons aplatis dans le sens dorso-ventral ; elles se tiennent sur le fond de la mer, comme les Pleu-

ronectes, et fournissent comme eux une chair estimée.
On les consomme à l'état frais.

132. La Lamproie. — Les Lamproies (fig. 123) ressemblent à des Anguilles par la forme de leur corps, mais
elles en diffèrent à tout autre égard. Elles sont dépourvues
d'ouïes, et leur appareil branchial vient s'ouvrir de chaque
côté de la partie antérieure du corps par une rangée de
sept trous.

Ce sont des animaux suceurs, qui se fixent sur les autres poissons par leur bouche transformée en ventouse
et qui en aspirent le sang. Elles habitent la mer et remontent les fleuves à l'époque du frai, fixées sur le Saumon.
Leur chair est assez délicate.

CHAPITRE XV

Les Articulés. — **Insectes; caractères essentiels.**
Histoire du Hanneton.

HISTOIRE DU HANNETON

133. Les ébats nocturnes du Hanneton. — Avez-vous
passé à la campagne quelques beaux jours du mois de mai ?
Dès qu'arrive le crépuscule, un bourdonnement sourd se
fait entendre autour des arbres; de gros insectes, au vol
lourd, abandonnent le feuillage pour s'élancer dans les
airs, puis le bourdonnement augmente peu à peu, les insectes se multiplient, et bientôt c'est par nuées qu'on les
voit s'ébattre, sillonnant l'air en tous sens et se heurtant,
comme des étourdis, à tous les objets qu'ils rencontrent.

C'est le *Hanneton* qui commence sa promenade nocturne (fig. 124); elle dure un certain temps pendant la
nuit; mais bientôt cette belle ardeur cesse, et l'animal
fatigué retourne aux arbres pour s'y reposer et pour se
repaître de leurs feuilles.

134. Parties du corps (fig. 125). — Quand on examine le Hanneton du côté dorsal, son corps paraît composé de trois pièces seulement, une antérieure noirâtre qui porte une paire d'éven-tails lamelleux, une seconde parfaitement noire et sensiblement plus grande que la première, une

Fig. 124. — Hanneton volant. Grand. naturelle.

troisième très étendue qui est recouverte en grande partie par deux grandes ailes roussâtres et qui se termine par une pointe recourbée vers le bas. La première partie est la *tête*, la seconde appartient au *thorax,* et la troisième reçoit le nom d'*abdomen*.

Si l'on examine l'animal de plus près, on s'aperçoit que les trois parties du corps, tête, thorax et abdomen, sont parfaitement distinctes, mais que

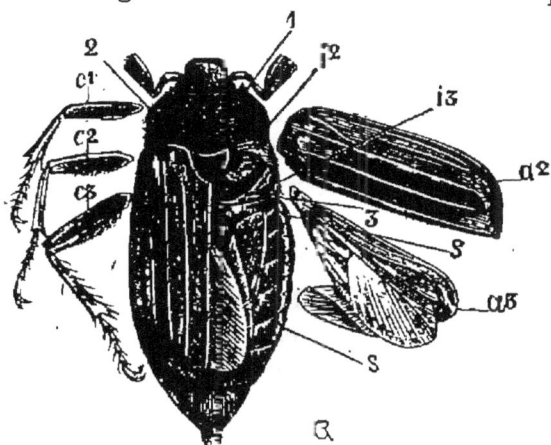

Fig. 125. — Parties du corps du Hanneton, face dorsale. Les ailes droites et les pattes gauches sont séparées du corps ; *i²*, insertion des élytres ; *i³*, insertion des ailes postérieures.

les deux dernières sont beaucoup plus compliquées qu'on ne l'aurait cru tout d'abord.

Le thorax, en effet, se montre composé de trois pièces successives (1, 2, 3), qui portent chacune une paire de pattes et qui constituent chacune un segment du corps de l'animal. Quant à l'abdomen, on voit qu'il est formé aussi d'une série de segments, mais qu'il est complètement dépourvu d'appendices.

135. La chitine. — Toutes les parties du corps sont recouvertes par des téguments, dont la partie extérieure est formée par une couche épaisse d'une matière dure et cornée connue sous le nom de *chitine*. Le Hanneton étant dépourvu de squelette interne, ses muscles ne peuvent trouver d'attaches solides que sur les téguments chitinisés, de sorte que la couche de chitine peut être considérée comme une sorte de squelette externe. Ce squelette entoure chaque *segment* du corps comme un *anneau,* et c'est pour cela qu'on peut dire indifféremment du Hanneton qu'il est un animal *annelé* ou un animal *segmenté*.

La couche chitineuse joue un rôle protecteur très efficace ; mais, à cause de sa rigidité, elle rendrait tous les mouvements impossibles, si elle ne devenait pas plus mince suivant certaines lignes, au niveau desquelles les parties du corps peuvent se mouvoir les unes sur les autres. De là cette division du corps en anneaux ; de là aussi la division des pattes (fig. 125) en pièces successives ou *articles,* de là enfin le nom d'*Articulés* qu'on a donné au Hanneton et aux animaux qui lui ressemblent.

136. Les pattes. — Les articles des pattes du Hanneton sont au nombre de neuf ; le plus gros et le plus long de tous a reçu le nom de *cuisse* (fig. 125, c^1, c^2, c^3) ; le dernier se termine par deux griffes extrêmement aiguës qui permettent à l'animal de se cramponner fortement aux feuilles.

137. Les ailes (fig. 125). — Les pattes ne sont pas les seuls appendices du thorax : sur la face dorsale du deuxième segment thoracique (i^2) s'insèrent, en effet, deux fortes ailes roussâtres et cornées (a^2) qui recouvrent une partie du thorax et l'abdomen presque tout entier. Au-dessous et en arrière de ces ailes, on en trouve deux autres (a^3) beaucoup plus minces, qui s'insèrent (i^3) sur le dernier segment du thorax.

Les ailes cornées supérieures sont appelées *élytres* (a^2) ; elles se dirigent d'avant en arrière, et recouvrent complètement les ailes plus minces de dessous (a^3). Celles-ci sont pliées transversalement quand l'insecte est au repos, mais elles s'étalent largement pendant le vol (fig. 124) et, si elles font alors moins de bruit que les élytres, elles paraissent, en revanche, effectuer beaucoup plus de besogne.

138. Respiration. — Quand on soulève les élytres et les ailes membraneuses, on aperçoit la face dorsale de l'abdomen du Hanneton (fig. 125); sur les bords de cette région se trouve, dans chaque anneau, aussi bien à droite qu'à gauche, une petite fente appelée *stigmate* (*s*). Les stigmates sont les orifices respiratoires du Hanneton ; ils conduisent dans des tubes nombreux et ramifiés, auxquels on donne le nom de *trachées* (fig. 126) et qui portent dans toutes les parties du corps le fluide respirable.

Le renouvellement de l'air dans les tubes trachéens s'effectue par les mouvements du corps de l'animal. Aussi le Hanneton se met-il à imprimer à son corps un mouvement de va-et-vient, à élever et à abaisser ses élytres, quelques instants avant de s'envoler. On dit alors du Hanneton qu'il *compte ses écus*.

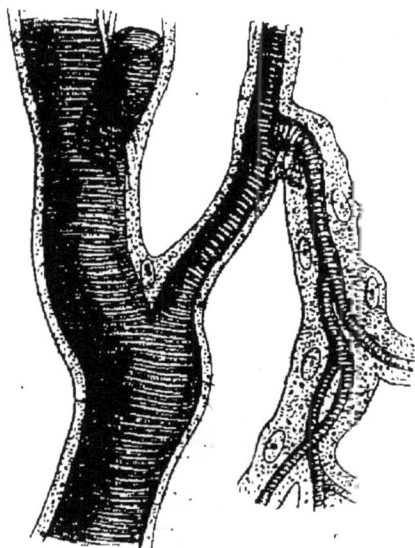

Fig. 126. — Fragment de trachée, très grossi.

139. La tête (fig. 127). — Les organes des sens du Hanneton sont bien développés, mais il paraît s'en servir avec beaucoup d'inexpérience, puisqu'il se heurte en volant à tous les corps qu'il rencontre. Les organes de la vue sont représentés par deux larges *yeux* noirs ; les organes de l'odorat, par une paire d'appendices appelés *antennes* (*a*). Les *yeux* sont munis de nombreuses facettes et reçoivent pour cette raison le nom d'*yeux composés* ; quant aux antennes, elles se terminent par six ou sept larges lamelles disposées côte à côte comme les rayons d'un éventail.

La bouche du Hanneton est située sur la face inférieure de la tête, l'*anus* à l'extrémité postérieure de l'abdomen. La bouche est dépourvue de dents, mais elle est munie de trois paires d'appendices qui en jouent à peu près le rôle. Ceux de la première paire servent à broyer les aliments et se présentent sous la forme de lames denticu-

Fig. 127. — Tête et appendices buccaux du Hanneton, grossis.

lées ; on les désigne sous le nom de *mandibules* (M). Les appendices des deux autres paires (*m*, *l*) sont surtout des organes de tact, mais servent aussi à ramener les particules alimentaires vers la bouche ; on les désigne sous le nom de *mâchoires*. Les mâchoires de la dernière paire se soudent à leur base pour constituer la *lèvre inférieure* (*l*).

Le Hanneton est un *insecte broyeur;* il se nourrit de matières végétales, et presque exclusivement de feuilles. C'est au printemps qu'il se montre, et il lui suffit parfois de quelques semaines pour dépouiller les arbres de leur verdure naissante.

140. Métamorphoses du Hanneton. — Vers la fin de mai, les mâles tombent sur le sol et périssent, tandis que les femelles s'enfouissent dans la terre pour y déposer leurs œufs et périr à leur tour.

Les œufs pondus par une femelle sont au nombre de vingt à trente; ils sont reunis en un petit tas, à 6 ou 7 centimètres de profondeur, et éclosent au bout d'un mois environ.

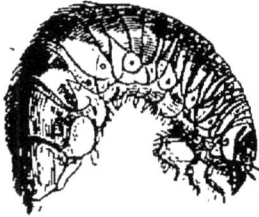

Fig. 128.
Larve du Hanneton.

Les jeunes sont très différents de l'adulte; ils ont la forme d'un ver assez allongé et recourbé en arc (fig. 128). Leur corps est blanc, très distinctement annelé, et se termine en avant par une tête rousse sur laquelle se voient des antennes courtes et grêles et trois paires d'appendices buccaux, parmi lesquels des mandibules faites pour broyer. Le thorax ne diffère en rien de l'abdomen; il est dépourvu d'ailes, mais porte trois paires de pattes.

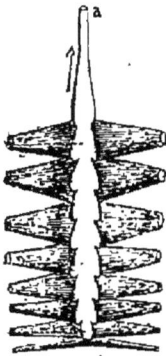

Fig. 129. — Cœur d'insecte, avec ses ailes musculaires, grossi.

Des stigmates existent sur la plupart des anneaux du corps, et l'on distingue par transparence, sur la ligne médiane du dos, les battements d'un *cœur* (fig. 129) très allongé, qui existe d'ailleurs chez l'adulte, où il est complètement dissimulé sous les téguments.

Les jeunes ainsi faits sont des *larves*, mais ils sont bien plus connus sous le nom de *mans* ou de *vers blancs*. Ce sont des animaux broyeurs qui dévorent les jeunes racines des plantes. Quand vient l'automne, ils s'avancent plus profondément dans la terre et s'engourdissent; aux beaux jours ils renouvellent leur couche de chitine par une mue, puis remontent près de la surface, où ils recommencent leurs dégâts.

La deuxième et la troisième année ressemblent de tous points à la première; mais, vers l'automne de la troisième, la larve s'enfonce plus profondément dans la terre, se loge dans une niche ovale de terre, subit une mue, et

passe à un deuxième état, celui de *nymphe* ou *chrysalide*
(fig. 130). L'animal cesse de prendre de la nourriture ; il
est presque immobile, et c'est à peine si, quand on le touche, il exécute quelques mouvements ; on distingue déjà, à
sa surface, toutes les parties et tous les appendices du
corps de l'adulte.

La nymphe se transforme avant l'hiver en Hanneton,
mais celui-ci n'abandonne qu'au printemps sa niche de
terre et l'enveloppe chitineuse de la dernière mue. Peu
à peu ses téguments s'épaississent, et, quand ils sont assez résistants, l'insecte traverse la couche de terre qui le
sépare de la surface, s'envole et
va se poser sur un arbre.

**141. Destruction des Hanne-
tons.** — En s'attaquant aux feuilles des arbres, le Hanneton
cause certainement de grands
dommages, mais il est loin d'être
aussi redoutable que sa larve.

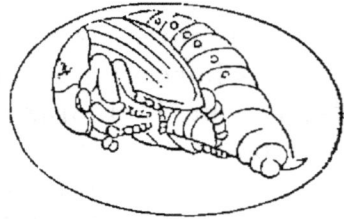

Fig. 130. — Chrysalide
du Hanneton dans sa niche

Le ver blanc du Hanneton a vite fait de détruire complètement les plantations les plus riches ; la plante attaquée
se dessèche rapidement et périt, pendant que la larve
porte ailleurs ses ravages, qu'elle peut poursuivre pendant trois ans.

La destruction de la larve devrait donc être l'objectif
principal du cultivateur ; mais, si l'on songe qu'une femelle
donne en moyenne naissance à vingt-cinq larves, on voit
qu'en somme le meilleur moyen de se mettre en garde
contre les vers blancs, c'est de détruire le Hanneton. De
là une pratique depuis longtemps recommandée, celle du
hannetonnage, qui consiste à profiter du matin pour capturer, en secouant les arbres, les hannetons engourdis,
et à les détruire en les arrosant d'un lait de chaux.

Il est utile également de détruire les vers blancs, au
moment des labours ; on peut même les tuer directement,
au pied des arbres, au moyen du sulfure de carbone.

6.

CARACTÈRES ET CLASSIFICATION DES ARTICULÉS

142. Caractères des Articulés. — Le Hanneton est un des animaux les plus caractéristiques de l'embranchement des Articulés.

Les Articulés sont dépourvus de squelette externe, mais leurs téguments sont recouverts par une couche rigide

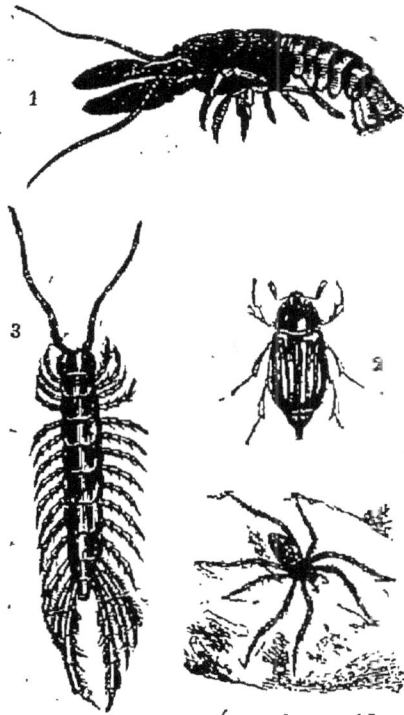

de chitine. Afin de permettre au corps les mouvements nécessaires, cette couche s'amincit suivant certaines lignes, qui délimitent dans le corps une série d'*anneaux* successifs, et dans les appendices une série d'*articles;* de là les noms d'*Articulés* et d'*Annelés* qu'on donne aux animaux de cet embranchement.

Afin de permettre au corps de grandir, la couche de chitine, qui est inextensible et qui forme une sorte de prison, est plusieurs fois rejetée par l'animal, qui s'en refait une nouvelle; de sorte que tous les Articulés sont, en même temps, des animaux *à mues.*

Fig. 131. — N° 1, Écrevisse, réd. au 1/4; n° 2, Hanneton, 1/2; n° 3, Lithobie, 1/1; n° 4, Araignée, 1/2.

143. Classification des Articulés (fig. 131). — Il est des articulés qui ont, comme le Hanneton, une respiration aérienne; d'autres, comme l'Écrevisse, qui ont une respiration aquatique.

Les articulés à respiration aquatique forment la classe des *Crustacés*. Ex. l'Écrevisse (n° 1).

Parmi les articulés à respiration aérienne :

1° Les uns ont, comme le Hanneton (n° 2), trois paires de pattes; ils forment la classe des *Insectes;*

2° Les autres ont, comme la Lithobie (n°. 3), de très nombreuses pattes; ils forment la classe des *Myriapodes;*

3° D'autres enfin ont, comme l'Araignée (n° 4), quatre paires de pattes; ils forment la classe des *Arachnides.*

Insectes, Myriapodes, Arachnides et Crustacés, telles sont les quatre classes dans lesquelles se divise l'embranchement des Articulés.

CARACTÈRES DES INSECTES

144. Nous venons de voir que les Insectes sont des animaux à six pattes et à respiration aérienne. Nous pouvons ajouter qu'ils ont presque toujours une ou deux paires d'ailes, — qu'ils respirent par des tubes appelés trachées, — que leur corps se divise en trois parties, tête, thorax et abdomen, — que la tête porte une paire d'yeux à facettes, une paire d'antennes, une paire de mandibules et deux paires de mâchoires, — enfin que les jeunes doivent subir des métamorphoses plus ou moins considérables avant d'arriver à l'état adulte.

CHAPITRE XVI

Insectes. — Histoires de l'Abeille et de la Fourmi.

HISTOIRE DE L'ABEILLE

145. **Les sociétés d'Abeilles.** — Quelques Insectes savent unir leurs efforts à ceux de leurs semblables et offrent à l'homme le spectacle de sociétés réellement parfaites « où le travail de chacun profite à tous et où le travail de tous profite à chacun ». Parmi ces Insectes sociaux, il faut citer au premier rang l'*Abeille domestique.*

Une société d'Abeilles (fig. 132) comprend environ 20,000 individus, et forme à elle seule la population d'une ruche. Une société se compose de femelles stériles appelées *ouvrières* (N), d'une femelle pondeuse appelée *reine* (F), et de quelques centaines d'individus mâles, connus sous le nom de *faux bourdons* (M).

Le corps des Abeilles est recouvert de poils; il est de couleur gris noirâtre; les quatre ailes sont transparentes et parcourues par des nervures grossières; les antennes sont simples et grêles, les mandibules courtes et fortes, les mâchoires grêles et allongées.

Les *mâles* (M) sont les plus grands individus de la colonie; ils ont la tête arrondie, les yeux très développés et

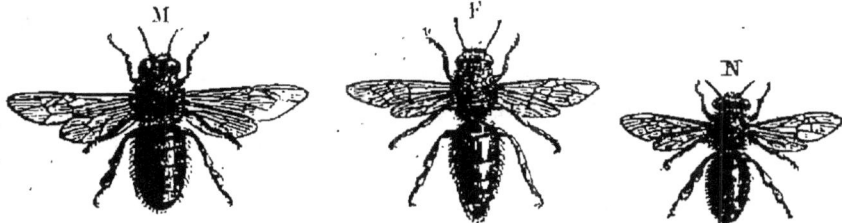

Fig. 132. — Abeilles : femelle F, mâle M, et ouvrière N ; gr. nat.

presque contigus au milieu du front, l'abdomen relativement renflé. Les *femelles* (F) sont un peu plus petites que les mâles, et leurs ailes sont beaucoup plus courtes; leur abdomen est plutôt long que renflé; enfin leur tête est triangulaire, et leurs yeux sont très éloignés l'un de l'autre.

Les ouvrières (N) sont encore plus petites que les femelles, mais leur tête et leurs yeux ne sont pas sensiblement différents; l'abdomen est plus court et plus triangulaire, et les ailes sont un peu plus allongées. Ouvrières et femelles sont en outre munies, à l'extrémité de l'abdomen, d'un aiguillon en rapport avec une glande à venin; quand elles s'attaquent à l'homme, les Abeilles abandonnent leur aiguillon dans la plaie et en meurent; mais elles peuvent piquer sans péril leurs semblables, car la chitine perforée ne revient pas sur elle-même et ne retient pas l'aiguillon.

146. Le travail des ouvrières. — A peine établies dans une ruche nouvelle, les ouvrières s'occupent à la mettre en parfait état de propreté. Elles en bouchent ensuite les fissures avec une matière résineuse, appelée *propolis,* qu'elles recueillent sur les bourgeons et triturent à l'aide de leurs mandibules.

147. Une fois la ruche en bon état, les ouvrières sécrètent de la cire et en construisent leurs *rayons.* Elles sont munies, à cet effet, de glandes et d'une pince propre à saisir et à manipuler la cire à mesure qu'elle est préparée. Cette pince (fig. 133) est formée par les bords contigus de deux articles des pattes postérieures, à savoir : 1° par le bord terminal de l'article (c) qui fait immédiatement suite à la cuisse, et qu'on désigne pour cette raison sous le nom de *jambe;* 2° par le bord en regard de l'article suivant, qui est

Fig. 133.—Patte postérieure d'ouvrière, face extérieure, grossie.

très élargi, et qu'on appelle *pièce carrée.* Les bords en regard de ces deux articles s'articulent l'un avec l'autre, en avant, de manière à former une *pince.*

Les *glandes cirières* forment deux rangées sur la face ventrale de l'abdomen ; elles émettent, au niveau où deux anneaux s'emboîtent l'un sur l'autre, de petites plaquettes de cire que l'Abeille saisit avec ses pinces. Les plaquettes sont ensuite broyées par les mandibules avec de la salive et employées à la construction des rayons.

Fig. 134. — Fragment de rayon.

148. Ceux-ci occupent une position verticale à l'intérieur de la ruche ; ils sont parallèlement disposés et présentent entre eux assez d'espace pour que la circulation des Abeilles ne soit pas gênée. Sur les deux faces sont disposées des *cellules* ou *alvéoles* en forme de prismes hexagonaux (fig. 134), qui serviront indifféremment à emmagasiner du miel ou à élever les jeunes ouvrières ; çà et là se trouvent des cellules un peu plus grandes (*b*) destinées à l'élevage des mâles ; enfin des cellules beaucoup plus grandes et plus irrégulières sont édifiées sur le bord des rayons et servent à l'élevage des jeunes femelles. Ces dernières alvéoles sont désignées sous le nom de *cellules royales* (*d*).

149. A mesure que certaines ouvrières édifient des alvéoles, d'autres s'en vont dans la campagne recueillir le suc et le pollen des fleurs. Dans ces voyages parfois éloignés, elles sont guidées, comme les oiseaux, par un sens d'orientation merveilleux, et savent revenir à la ruche par les chemins les plus courts.

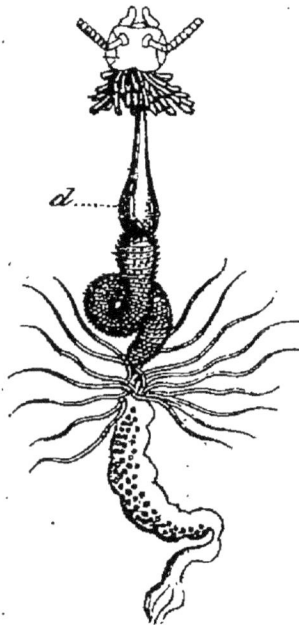

Fig. 135. — Tube digestif de l'Abeille.

Les Abeilles recueillent le nectar des fleurs en le léchant avec leurs mâchoires, qui sont grêles, poilues et très allongées. Le suc recueilli s'emmagasine dans un *jabot* œsophagien (fig. 135, *d*), où il subit une élaboration particulière, avant d'être dégorgé dans les alvéoles sous la forme de *miel*. Quand les alvéoles sont remplies, l'Abeille les ferme avec un couvercle de cire.

En même temps qu'elles recueillent dans les fleurs du nectar sucré, les ouvrières récoltent aussi du pollen, qui s'attache aux poils dont elles sont vêtues. Elles balayent cette poussière florale avec la *brosse* qui occupe, sur les

pattes postérieures, la face interne de la pièce carrée ;
elles en forment ainsi de petits globules, que l'animal en-
tasse dans une sorte de *corbeille* (fig. 133, *c*) située sur
la face externe de la jambe des mêmes pattes. Et quand
la récolte est suffisante, quand l'*Abeille* a, comme on dit,
ses *culottes,* elle revient à la ruche, où elle dépose ses
pelotes polliniques dans des cellules. Le pollen, comme le
miel, servira de nourriture aux Abeilles.

150. La ponte et l'élevage. — Cependant, la reine ne
reste pas inactive ; elle pond activement des œufs, un par
un, dans chaque alvéole, et en pro-
duit ainsi au moins vingt mille par
an (fig. 134).

Aussitôt l'œuf pondu, des ouvrières viennent dégorger dans l'alvéole,
en arrière de l'œuf, une pâtée blanche
faite de miel, de pollen et d'eau.

Au bout de quatre jours, il sort
de l'œuf une *larve* (fig. 136, A) an-
nelée, dépourvue d'yeux et de pattes ;

A   B

Fig. 136. — Larve (A) et
nymphe (B) d'Abeille.

elle se nourrit de la pâtée mise en réserve pour elle, et
croît si rapidement que, vers le septième jour, elle remplit presque l'alvéole. Des ouvrières ferment alors celle-
ci avec un couvercle en cire (fig. 134, *e*), et la larve empri-
sonnée file un cocon, où elle se transforme en *nymphe*
(fig. 136, B).

151. Vingt et un jours après la ponte, la jeune Abeille
fait tomber le couvercle de sa prison ; elle va s'étirer et
se sécher au dehors, pendant que des ouvrières nettoient,
pour un nouvel élevage, l'alvéole qui lui a servi de berceau.

La pâtée des mâles ne paraît pas différer de celle des
ouvrières ; mais les jeunes reines reçoivent une *pâtée
royale* préparée spécialement pour elles. Quand une ruche
a perdu sa reine, les ouvrières agrandissent une cellule
d'ouvrière, nourrissent de pâtée royale la larve qu'elle contient et permettent ainsi à cette dernière de se transformer en reine.

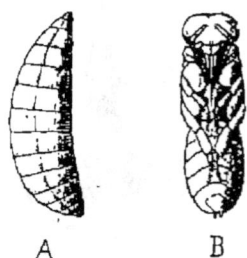

152. Essaimage, formation d'une nouvelle colonie. —
En hiver, les Abeilles ne sortent pas de la ruche, sauf par
les très beaux jours; elles se contentent de consommer
leurs provisions, et se blottissent les unes contre les autres, de manière à se réchauffer le plus possible. Ainsi
l'Abeille ne s'engourdit pas durant l'hiver, et la température de sa ruche ne descend pas au-dessous de 8°.

En février, la femelle recommence sa ponte interrompue et continue de plus belle au printemps. La population
de la ruche augmente de plus en plus, et il arrive un moment où une partie des Abeilles doit émigrer et aller fon-
der une autre société.

Cette émigration, bien connue sous le nom d'*essaimage,* se produit ordinairement en mai ou juin, à l'époque où une nouvelle reine est sur le point d'éclore.

C'est par une journée chaude que se produit l'essaimage. Les anciennes ouvrières, accompagnées de leur
reine, quittent la ruche réunies en un seul *essaim,* et vont
se réunir en une grappe sur une branche d'arbre, où les
apiculteurs les recueillent pour les loger dans une nouvelle ruche.

153. Au moment où se produit l'essaimage, une nouvelle reine vient d'éclore, qui est accueillie par les jeunes ouvrières restées dans la ruche; les reines qui naî-
tront dans la suite seront immédiatement tuées.

Une fois reconnue et acceptée, la nouvelle reine ne reste
pas longtemps dans la ruche; elle s'élance dans les airs,
suivie des faux bourdons. Elle revient peu de temps
après, propre à pondre des œufs pendant tout le reste de
son existence, qui peut durer de quatre à cinq ans.

Quant aux faux bourdons, ils vivent encore quelques
mois aux dépens de la colonie; mais, comme ce sont des
bouches inutiles, les ouvrières les pourchassent, et bientôt ils *disparaissent.*

154. Intelligence des Abeilles. — Les actes de l'Abeille
ne sont pas tous le résultat d'un instinct irréfléchi. « Comment expliquer par l'instinct, dit Fée, cette sollicitude pré-

voyante s'appliquant à chaque cas particulier, cette division remarquable du travail, cette police merveilleuse, organisant d'après certaines règles, parant immédiatement à une quantité d'éventualités impossibles à prévoir? Les Abeilles connaissent l'inquiétude, la haine et la colère. Elles modifient leurs actions selon les circonstances, emploient des ruses de guerre contre un ennemi supérieur en force, combinent la défense d'après la force des assaillants! »

On sait d'ailleurs que les Abeilles communiquent parfaitement entre elles en se palpant mutuellement par leurs antennes, et qu'elles font entendre, dans certains cas, un bruit particulier auquel les Abeilles voisines ne restent pas insensibles.

HISTOIRE DES FOURMIS

155. Les sociétés de Fourmis (fig. 137). — Les sociétés de Fourmis diffèrent de celles des Abeilles en ce qu'elles

Fig. 137. — Fourmi rousse mâle (ailé) et ouvrière, grossis 3 fois.

renferment toujours plusieurs femelles pondeuses au lieu d'une seule.

Les individus des trois sortes se font remarquer par leurs mandibules fortes, tranchantes ou dentées, par leur thorax étroit, par leur abdomen dilaté et par le pédoncule excessivement grêle qui rattache l'abdomen au thorax.

Les *mâles* se distinguent des femelles par leur tête réduite et par leur taille plus forte; ils conservent leurs ailes pendant toute la durée de leur existence. Les *femel-*

les ont, comme les ouvrières, une tête puissante et armée de mandibules bien développées; elles possèdent quatre ailes comme les mâles, mais elles les perdent dès qu'elles commencent à pondre des œufs.

. Les *ouvrières* sont toujours dépourvues d'ailes et se font remarquer par leur thorax étroit; comme les femelles, elles sont munies de glandes à venin abdominales. Certaines espèces projettent la sécrétion acide des glandes dans la morsure qu'ont faite les mandibules; d'autres la déversent dans les blessures produites par un aiguillon abdominal semblable à celui des Abeilles.

156. Larves et nymphes. — Les colonies de Fourmis construisent des galeries très compliquées, qu'elles recouvrent parfois de monticules de terre et de brindilles. Ces galeries s'élargissent en chambres, destinées les unes aux larves, les autres aux ouvrières, certaines enfin aux femelles pondeuses.

Ces dernières, comme celles des Abeilles, doivent s'envoler dans l'air, avec les mâles, pour acquérir la maturité qui leur permet de pondre des œufs. Les mâles meurent peu après et ne rentrent jamais dans la fourmilière, mais les femelles reviennent bientôt, se laissent arracher les ailes et ensuite se mettent à pondre.

Les larves ressemblent beaucoup à celles des Abeilles; mais elles ne peuvent pas se nourrir elles-mêmes, et ce sont des ouvrières qui viennent directement leur dégorger dans la bouche les matières nutritives. Elles se transforment en nymphes immobiles et, dans la plupart des cas, se filent un cocon. Ce sont ces cocons, avec la nymphe qu'ils renferment, qu'on désigne improprement sous le nom d'*œufs de Fourmis;* quand la transformation de la nymphe est achevée, les ouvrières viennent mettre en liberté la jeune Fourmi en déchirant les parois de sa prison.

157. Habitudes des Fourmis. — On sait depuis longtemps que les Fourmis sont friandes des excrétions sucrées que rejettent, par leur orifice anal, beaucoup de

Pucerons. Non seulement les Fourmis savent caresser les Pucerons et les exciter à rejeter ces matières, mais elles savent leur construire des sortes d'étables où elles vont, pour ainsi dire, les *traire* chaque jour.

Elles étendent plus loin leur intelligence. Certaines espèces se font mutuellement la guerre, forment de véritables armées et partent en campagne pour attaquer la fourmilière ennemie. La lutte ne se termine pas sans un grand carnage, et, au retour, les vainqueurs entraînent avec eux larves et nymphes de la fourmilière détruite, pour les élever et s'en faire des esclaves.

Les Fourmis sont pour le moins aussi intelligentes que les Abeilles, mais elles sont plutôt nuisibles qu'utiles et, à ce point de vue, ne méritent pas de retenir aussi longtemps notre attention.

CHAPITRE XVII

Insectes. — Métamorphoses des Papillons. Insectes nuisibles.

LES PAPILLONS ET LEURS MÉTAMORPHOSES

158. Le papillon du ver à soie. — Le ver à soie est la larve d'un papillon connu sous le nom de *Bombyx du mûrier*.

Le Bombyx du mûrier (fig. 138) a, comme tous les Papillons, des ailes écailleuses et des mandibules très réduites, mais il s'est dégradé sous l'influence de la domestication ; et, au lieu de la légèreté et des couleurs agréables qui distinguent les autres Papillons, il se fait remarquer par sa teinte d'un gris terne et par la lourdeur de ses mouvements. Il n'a pas davantage la longue trompe (fig. 139, *t*), formée par les mâchoires, que les papillons ordinaires enroulent et déroulent pour aspirer le suc des fleurs; il ne prend pas de nourriture et meurt après avoir pondu ses œufs.

Fig. 138. — Bombyx du mûrier, réduit au 1/3.

159. Le ver à soie (fig. 140). — Les œufs du Bombyx du mûrier ont la forme de petites lentilles; ils deviennent bien vite de couleur ardoisée et se conservent ainsi jusqu'au printemps, époque de l'élevage. On les désigne sous le nom de *graines*.

Placés dans des pièces bien aérées et chauffées à 25°, les œufs éclosent vers le douzième jour. Les jeunes vers, appelés *magnans,* mesurent 3 millimètres de longueur; on les porte dans l'atelier d'élevage, où on les nourrit de feuilles de mûrier.

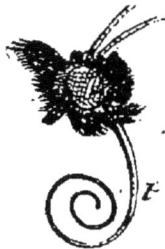

Fig. 139. — Tête et trompe d'un Papillon.

Ces vers ressemblent tout à fait aux chenilles des Papillons; ils sont, comme eux, herbivores et armés de puissantes mandibules; comme eux aussi, ils présentent trois paires de courtes pattes thoraciques, et quatre paires de moignons abdominaux saillants, plus connus sous le nom de *fausses pattes.* Leur couleur est d'un blanc grisâtre, avec des taches sur le dos.

Fig. 140. — Ver à soie, réduit au 1/3.

La croissance du ver à soie dure trente-deux jours; elle est interrompue par des *mues,* pendant lesquelles l'animal ne mange pas et change de revêtement chitineux. Deux mues successives sont séparées par un *âge,* et la période complète du développement comprend cinq âges. La voracité de l'animal est très grande et atteint son maximum pendant les dix jours du dernier âge.

160. La chrysalide (fig. 141). — Quand ce grand appétit a cessé, le ver manifeste de l'inquiétude; il dédaigne les feuilles de mûrier, devient translucide et mou, et cherche à monter.

On met alors à sa proximité des touffes de bruyère ou de genêt; il y monte, jette autour de lui quelques filaments soyeux, puis se met à filer son cocon. L'opération dure de trois à quatre jours; après quoi, le ver se change en *chrysalide,* à l'intérieur de son cocon.

L'appareil sécréteur de la soie est formé par deux glandes salivaires modifiées. Ces glandes se présentent l'une et l'autre sous la forme d'un gros tube pelotonné, et se réunissent dans un tube fin et grêle qui vient s'ouvrir, sur la lèvre inférieure, par un orifice étroit connu sous le nom de *filière.* Le liquide salivaire qui sort par la filière se solidifie aussitôt et devient le fil de soie.

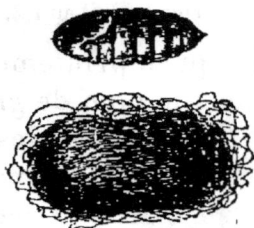

Fig. 141. — Chrysalide et cocon du Ver à soie, réduits de moitié.

161. Le papillon. — On expose dans un four ou à la vapeur d'eau, pour tuer la chrysalide qu'ils renferment, les cocons destinés à être filés; les autres sont mis de côté pour la reproduction.

Conservés dans une pièce chauffée à 18°, les cocons reproducteurs éclosent au bout de douze jours; grâce à une sécrétion buccale particulière, le papillon ramollit les fils de son cocon, et s'ouvre ainsi un passage pour sortir.

Les femelles ont l'abdomen beaucoup plus gros que les mâles et agitent beaucoup moins leurs ailes. La ponte s'effectue peu de temps après l'éclosion et dure deux jours au maximum; les œufs pondus par chaque femelle sont au nombre de cinq cents environ. Afin de les recueillir plus facilement, on pose les femelles sur des lames de carton, où elles effectuent leur ponte.

INSECTES NUISIBLES

162. Larves des Papillons. — Avec leur trompe délicate et flexible, les Papillons ne peuvent causer le moindre dommage aux cultures; mais il n'en est pas de même de leurs larves. Celles-ci se rangent, en effet, parmi les Insectes broyeurs les plus redoutables; elles s'attaquent à toutes les matières végétales, et leurs dégâts ne peuvent se comparer qu'à ceux du ver blanc du Hanneton. Les larves des Papillons sont communément

Fig. 142. — Piéride du chou et sa chenille, réduites de moitié.

appelées *chenilles*. En règle générale, toutes les chenilles sont nuisibles, et aussi tous les Papillons, car ceux-ci pondent les œufs d'où sortiront les chenilles.

163. Les Papillons qui volent le jour, ceux dont les formes sont gracieuses et les couleurs brillantes, passent pour être moins fâcheux que les autres. Il faut en excepter, toutefois, le papillon blanc connu sous le nom de *Piéride* (fig. 142), dont les chenilles dévastent les plantations de choux.

Les Papillons du crépuscule et de la nuit ont tous des chenilles très redoutées : les chenilles de la *Pyrale* de la vigne (fig. 143) s'entourent dans un étui de feuilles tordues et réunies par des fils; celles des *Alucites* se creusent une niche à l'intérieur des grains de blé; celles du *Bombyx processionnaire* vont la nuit, par bandes nombreuses, dévorer les feuilles; enfin les chenilles du *Cossus gâte-bois* se creusent de larges conduits à l'intérieur du tronc des arbres.

Fig. 143. — Pyrale de la vigne et sa chenille, réduite de moitié.

164. **Insectes broyeurs à l'état adulte.** — La plupart des Insectes broyeurs se nourrissent de matières végétales et sont par conséquent nuisibles; certains, pourtant, dévorent d'autres Insectes et sont d'utiles auxiliaires. Citons, parmi ces derniers, la *Mante religieuse,* qui guette sa proie dans la posture d'une religieuse en prière; les *Libellules* (fig. 144) ou *demoiselles,* qui effleurent de

leurs ailes la surface des eaux; les *Coccinelles* ou *bêtes du bon Dieu*; les *Carabes* (fig. 145) enfin, ces vaillants chasseurs aux élytres mordorés.

Fig. 144. — Libellule, réduite de moitié.

Mais à côté de ces auxiliaires précieux, combien d'animaux redoutables!

Des Insectes peu différents de la Mante, les *Criquets*

Fig. 145. — Carabe doré, réduit de moitié.

(fig. 146) et les *Sauterelles,* s'abattent fréquemment par nuées dans les campagnes et sèment autour d'eux la désolation. Jeunes et adultes sont également voraces, et ne diffèrent d'ailleurs que par des caractères de médiocre importance.

165. Toutes les Libellules sans exception sont utiles; mais dans le groupe des Carabes, presque tous, au contraire, larve

Fig. 146. — Criquet voyageur, réduit de moitié.

comme adulte, s'attaquent aux produits du sol. A côté du Hanneton, il faut citer les *Xylophages,* dont les larves perforent les bois dans les constructions navales; les *Ténébrions,* dont les vers vivent dans la farine; les *Bostriches* et les *Scolytes* (fig. 147), qui creusent des galeries dans le bois et dévastent des forêts entières; les *Charançons,* qui attaquent feuilles, fruits et graines; enfin, pour terminer cette énumération, qu'on pourrait, par malheur, indéfiniment poursuivre, l'*Eumolpe de la vigne* ou *Écrivain,* dont l'adulte creuse des tranchées parallèles dans les feuilles de la vi-

Fig. 147. — Le Scolyte et ses galeries, réd. de moitié.

gne, pendant que ses larves en dévorent les radicelles

166. **Insectes piqueurs.** — Chez un grand nombre d'In-

sectes, les appendices buccaux deviennent rigides, longs et aigus, se groupent en faisceaux et constituent des armes très parfaites propres à piquer, souvent même à piquer et à sucer.

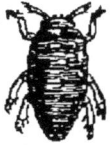

Fig. 148. — Le Phylloxera des racines, grossi 16 fois.

Parmi les Insectes piqueurs et suceurs les plus funestes aux végétaux, il faut remarquer les *Pucerons* et, au premier rang, le *Phylloxera de la vigne* (fig. 148). Ce terrible insecte n'est qu'un puceron imperceptible, à peine visible à l'œil nu ; mais il a une puissance de multiplication telle qu'il envahit en peu de temps des vignobles tout entiers. Les individus qui causent tout le mal vivent sur les racines de la vigne, qu'elles épuisent

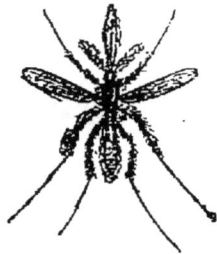

Fig. 149. — Cousin, grossi 2 fois.

avec leur suçoir ; ce sont des femelles dépourvues d'ailes ; elles pondent chacune trente œufs, qui se développent très rapidement et donnent d'autres femelles semblables, si bien qu'au bout d'une année une femelle peut se trouver à la tête de 30 millions d'individus. Ces femelles peuvent passer l'hiver en terre ; mais, pendant la belle saison, quelques-unes deviennent ailées et vont au loin répandre le mal.

167. Parmi les Insectes piqueurs qui s'attaquent aux animaux, il faut citer, dans un groupe voisin des Pucerons, les *Poux* et les *Punaises,* et, dans un groupe très éloigné, celui des Mouches ou Insectes à deux ailes, les *Cousins* (fig. 149) et les *Taons*. Les *Puces* (fig. 150)

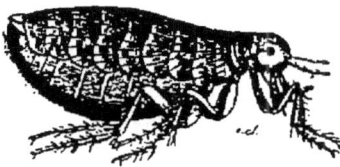

Fig. 150. — Puce, grossie 18 fois.

se rattachent de très près à ces derniers animaux, mais elles sont dépourvues d'ailes et se rapprochent, à ce point de vue, des Poux et de la Punaise des appartements.

CHAPITRE XVIII

Arachnides et Crustacés. — Notions très sommaires.

LES ARACHNIDES

168. L'Araignée domestique. — Chacun connaît l'Araignée domestique ; c'est elle qui file, dans les embrasures de toutes les pièces peu habitées, ces grandes toiles horizontales, à tissu délicat, au fond desquelles l'animal se tient constamment embusqué.

Fig. 151. — Araignée coureuse, gr. nat.

Pour être en état de saisir tout ce qu'il y a d'intéressant dans les mœurs de l'Araignée, étudions d'abord les traits essentiels de sa structure.

169. Le corps de toutes les *Araignées* (fig. 152) se compose de deux parties séparées par un étranglement profond : la plus petite correspond au thorax et à la tête réunis, et reçoit pour cette raison le nom de *céphalothorax* (CT); la plus longue et la plus renflée n'est autre chose que l'*abdomen* (A). Céphalothorax et abdomen sont l'un et l'autre tout d'une pièce, et ne présentent plus trace d'anneaux indépendants.

Examiné du côté dorsal, le corps d'une araignée n'offre rien de particulier, sauf des yeux qui brillent, comme autant de pierres précieuses, près du bord antérieur du céphalothorax.

170. C'est sur le côté ventral du céphalothorax que s'insèrent la plupart des appendices de l'animal, et notamment ses quatre paires de longues pattes (p^1 à p^4). En

7.

avant des pattes se voit une paire d'appendices grêles, qu'on désigne sous le nom de *pattes-mâchoires* (*pm*);

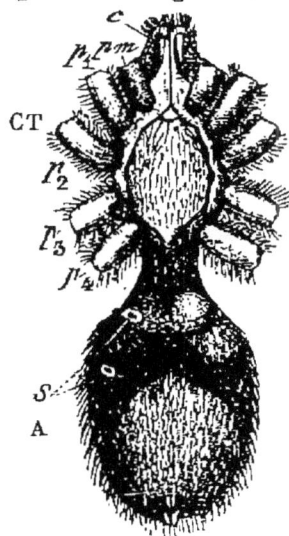

Fig. 152. — Araignée, face ventrale. La base des appendices est seule représentée.

plus en avant encore, une paire d'appendices beaucoup plus courts et formés seulement de deux articles, les *chélicères* (*c*).

Les pattes-mâchoires sont vraisemblablement des organes du toucher. Quant aux chélicères (fig. 155), ils servent d'armes à l'Araignée, grâce au liquide venimeux que vient déverser une glande (*g*) à la pointe très aiguë de leur article terminal.

Sur la face ventrale de l'abdomen, on voit en avant deux paires de très petits orifices qui conduisent dans des poches ou dans des tubes respiratoires analogues à l'appareil trachéen des Insectes; ces orifices peuvent, par conséquent, être désignés sous le nom de *stigmates* (fig. 152, *s*).

171. Tout à fait en arrière font saillie trois paires d'appendices très courts qui portent à leur sommet de nombreux petits tubes; ces appendices sont les *filières* (fig. 153, *f*), et c'est au fond de leurs tubules que viennent déboucher les nombreuses petites glandes de la soie.

Fig. 153. — Filières d'une araignée, très grossies.

Quand l'Araignée tisse sa toile, la sécrétion liquide des glandes vient perler à l'extrémité des tubes, se solidifie peu à peu, se colle aux sécrétions solidifiées des tubes voisins, et finalement donne un fil qui paraît simple, mais qui résulte, en réalité, malgré sa finesse extrême, de la fusion des fils issus d'un très grand nombre de petits tubes. A mesure que se forme le fil, il est saisi par les pattes de l'Araignée et tissé par les griffes (fig. 154) ou les peignes qui terminent ces pattes.

172. L'Araignée domestique, comme toutes les Araignées d'ailleurs, doit être rangée parmi les animaux utiles, parce qu'elle fait une guerre acharnée aux Insectes. Dès qu'une mouche vient à se prendre dans sa toile, on la voit se précipiter et saisir sa malheureuse victime, qu'elle s'efforce de tuer en lui plongeant dans le corps ses deux chélicères (fig. 155).

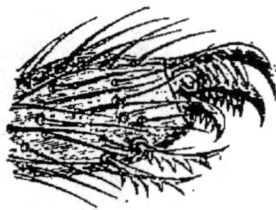

Fig. 154. — Griffe des pattes d'une araignée, très grossie.

Comme l'insecte essaye le plus souvent de résister, elle l'enveloppe de ses fils, le ligote pour ainsi dire, et le met dans l'impossibilité de faire aucun mouvement. Après quoi, elle l'emporte au fond de sa niche et en fait sa nourriture.

173. Les Araignées ne dévorent pas leur proie; elles se contentent d'en sucer le sang; elles sont munies pour cela, sur le trajet de leur œsophage, d'une sorte de jabot qui permet, par ses mouvements de contraction et de distension, d'aspirer les liquides. La bouche de l'animal est située en avant, près de la base des pattes-mâchoires; l'anus (fig. 152, a) est à l'extrémité postérieure du corps, au voisinage des dernières filières.

Fig. 155. Dernier article des chélicères avec sa glande à venin, très grossi.

Les femelles des Araignées domestiques enveloppent leurs œufs d'un cocon soyeux qu'elles logent dans un sac lesté de gravier et fixent à peu de distance de leur toile. Les œufs sont très nombreux et donnent de petites araignées qui abandonnent bientôt leur cocon.

174. **Caractères des Arachnides.** — L'Araignée est un articulé de la classe des *Arachnides*.

Les Arachnides sont des articulés terrestres; ils ont huit pattes, une paire de chélicères et une paire de pattes-mâchoires; leur corps est divisé en deux parties (fig. 156), le céphalothorax (CT) et l'abdomen (A); leurs yeux sont petits et ne présentent pas de facettes comme les grands yeux des Insectes; leur appareil respiratoire ne diffère pas sensiblement de celui de ces derniers.

175. Les *Scorpions* (fig. 156), appartiennent aussi à la classe des Arachnides; ils habitent les pays chauds, mais on

en trouve déjà dans le midi de la France. Leurs pattes-mâchoires (*pm*) sont très allongées et se terminent par des pinces; leur abdomen est également très

Fig 156. — Scorpion d'Europe. Grand. naturelle.

long et se compose d'anneaux parfaitement distincts, dont le dernier porte l'aiguillon venimeux de l'animal.

LES CRUSTACÉS

176. **L'Écrevisse.** — Dans la plupart des rivières et des ruisseaux de France, on a quelque chance de rencontrer encore, malgré les nombreuses maladies qui l'ont depuis quelque temps frappé, le plus grand de nos crustacés d'eau douce, l'*Écrevisse* (fig. 157).

Pendant le jour, l'intéressant animal se tient presque toujours caché dans les trous du rivage; mais, à l'approche du crépuscule et pendant la nuit, il est rare qu'il ne s'aventure pas au dehors, et c'est de préférence à ce moment que les pêcheurs lui tendent leurs filets.

177. Il n'est pas d'animal plus facile à caractériser que l'Écrevisse. Son corps se divise en deux parties, *céphalothorax* (CT) et *abdomen* (A), comme celui des Arachnides; les anneaux du céphalothorax sont soudés entre eux, mais

les sept anneaux de l'abdomen sont mobiles et parfaitement distincts. Toutes les parties du corps sont recouvertes d'une couche de chitine imprégnée de calcaire.

178. L'Écrevisse est munie de cinq paires de pattes, toutes insérées sur le céphalothorax; les huit pattes postérieures $(p^2$ à $p^5)$ sont assez grêles et permettent à l'animal de marcher d'avant en arrière sur le fond des ruisseaux; les deux antérieures (p^1) sont un peu plus longues et beaucoup plus fortes; ce sont des pattes préhensiles, et l'animal tient constamment dirigées en avant les puissantes pinces qui les terminent.

Les appendices (fig. 158, pa) des articles abdominaux sont très courts et se bifurquent à leur extrémité; le dernier anneau, ou *telson* (t), en est complètement dépourvu, mais il s'aplatit en lame et forme une nageoire caudale avec les quatre branches terminales (pq), très

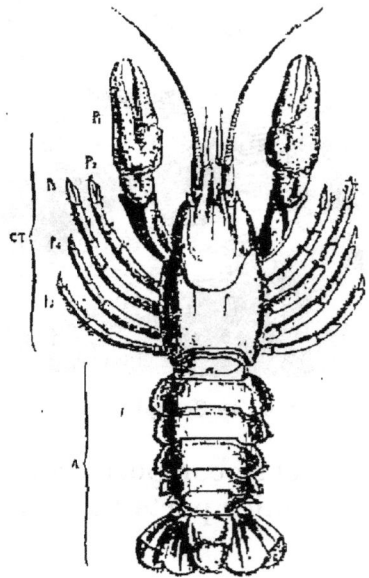

Fig. 157. — Écrevisse, face dorsale, réduite de moitié.

élargies, des appendices de l'avant-dernier anneau. Quand un danger menace l'Écrevisse, elle frappe l'eau à coups redoublés de sa nageoire caudale, et recule alors en nageant, par une série de brusques saccades. De là vient cette opinion fausse, mais très répandue, que l'Écrevisse marche à reculons.

Les appendices sensoriels (fig. 158) sont au nombre de trois paires : les pédoncules oculaires, les antennules et les antennes. Les *pédoncules oculaires* (o) sont situés à la base et en dehors du rostre frontal; ils sont mobiles et se terminent par des yeux à facettes. Les *antennules* (n) sont munies de deux fouets, qui jouent le rôle d'organes olfactifs; à leur base se trouve un organe auditif bien développé. Les *antennes* (fig. 158, N) se terminent par un fouet semblable à ceux des antennules, mais beaucoup plus allongé. Quand l'animal s'avance sur le fond, ou quand il est logé dans son trou, les fouets antennulaires et antennaires s'agitent et explorent le milieu ambiant, les premiers pour reconnaître les odeurs, les seconds pour palper et explorer les corps environnants.

179. L'Écrevisse est omnivore dans toute l'acception du terme, mais elle paraît préférer les matières animales un peu décomposées. C'est du moins l'opinion des pêcheurs d'écrevisses, car ils amorcent leurs filets avec des viandes de boucherie à moitié fraîches.

C'est avec ses pinces que l'animal saisit les aliments et les porte à sa bouche. Celle-ci est située du côté ventral, en arrière des antennes, entre six paires d'appendices buccaux très rapprochés. Parmi ces appendices, ceux de la paire antérieure (fig. 158, M) servent seuls à la mastication, grâce aux denticules dont ils sont armés; on les appelle des *mandibules*. Les autres (deux paires de *mâchoires* et trois de *pattes-mâchoires*) servent simplement à ramener vers la bouche les particules alimentaires. L'anus (*a*) occupe la face inférieure du telson.

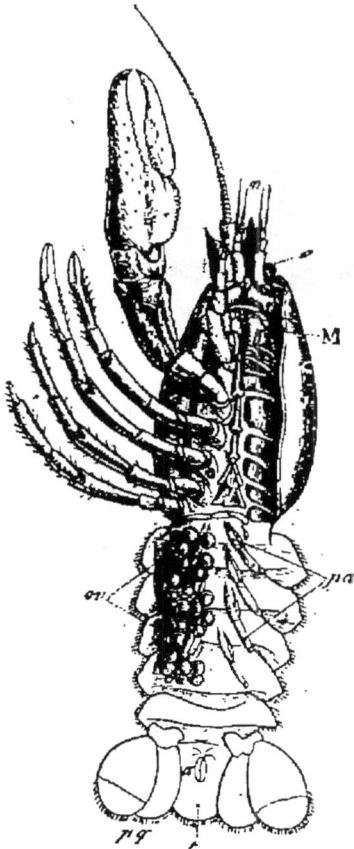

Fig. 158. — Écrevisse, face ventrale.

180. L'Écrevisse respire par des branchies (fig. 159, *b*), comme la plupart des animaux aquatiques. Ces branchies ont la forme de panaches filamenteux; elles sont si-

tuées entre les parois du corps et l'espèce de toit que
forme de chaque côté, en dehors d'elles, le bouclier du
céphalothorax. L'eau pénètre dans les chambres branchiales par la
fente qui existe,
au-dessus de la
base des pattes,
entre le bord du
bouclier et les
parois du corps.

181. Les écre-
visses femelles
pondent au prin-
temps de cent à
deux cents œufs,

Fig. 159. — Les branchies de l'Écrevisse, quand on a
enlevé la partie latérale de la carapace.

qui s'attachent aux poils des appendices abdominaux
(fig. 158, *ov*). Quelques mois plus tard, de jeunes écrevisses éclosent, à peu près semblables à l'adulte.

Pour atteindre leur taille définitive, les jeunes rejettent

Fig. 160. — Gamare, grossi 3 fois.

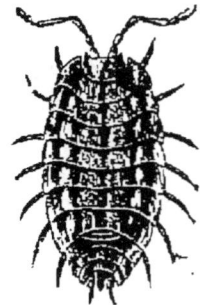

Fig. 161. — Clo-
porte, à peine
grossi.

une ou deux fois par an la couche chitineuse de leurs téguments ; ces mues laissent sans protection les écrevisses et les rendent craintives. Elles se cachent alors dans
les trous; mais, au bout de quelques jours, une nouvelle
couche de chitine s'est formée, et l'animal reprend son
genre de vie ordinaire.

182. **Caractères des Crustacés.** — L'Écrevisse est un

Crustacé. Les animaux de cette classe sont des articulés aquatiques, dont la couche chitineuse est calcifiée et qui respirent par des branchies. Ils ont ordinairement des yeux à facettes, une paire d'antennules, une paire d'antennes, une paire de mandibules, et des mâchoires.

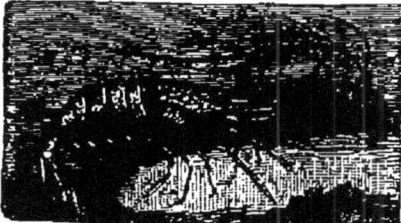

Fig. 162. — Crevette bouquet, réduite de moitié.

183. Le nombre des appendices et des anneaux du corps varie beaucoup chez les Crustacés; certains en ont très peu, par exemple les *Cyclopes* des mares; d'autres en ont bien davantage, et quelques-uns même peuvent présenter plus de quarante anneaux. Tous n'ont pas la tête réunie au thorax comme l'Écrevisse : chez les Crustacés terrestres du genre *Cloporte* (fig. 161) et chez les *Gamares* (fig. 160) des fontaines, les anneaux du thorax sont séparés comme ceux de l'abdomen, et ne se soudent pas avec la tête.

Fig. 163. — Crabe étrille, réduit au 1/8.

Parmi les Crustacés marins qui ont un céphalothorax et un abdomen comme l'Écrevisse, il faut citer le Homard, la Langouste, les Crevettes et les Crabes. Tous ces animaux sont recherchés pour la table et font l'objet d'une pêche très active : les *Homards* ressemblent à de très grandes écrevisses, et les *Langoustes* à des homards dépourvus de grandes pinces; les *Crevettes* (fig. 162) sont plus petites que l'Écrevisse et nagent très agilement dans les eaux; enfin les *Crabes* (fig. 163) se font remarquer par la petitesse de leur queue, qui s'applique et se cache sous le céphalothorax.

CHAPITRE XIX

Vers, caractères essentiels : Vers de terre, Sangsues.

LES VERS

184. Le Ver de terre (fig. 164). — Le *Ver de terre*, ou *Lombric terrestre*, affectionne les terrains légèrement humides ; il y creuse des galeries dans lesquelles il reste caché pendant le jour, mais qu'il quitte ordinairement pendant la nuit.

185. Le corps de l'animal est formé par une suite d'anneaux courts et très apparents, dont le nombre varie beaucoup d'un individu à l'autre ; on en compte en moyenne une soixantaine, mais il y en a parfois jusqu'à cent cinquante. Au reste, tous les anneaux de la dernière moitié du corps sont construits exactement de la même manière ; et quand on coupe le Ver au niveau de ces anneaux, il ne paraît pas autrement en souffrir et en reconstruit d'autres sans la moindre difficulté.

Les anneaux du Ver paraissent parfaitement unis ; mais quand on examine l'animal sur l'une de ses faces, celle qui est communément en rapport avec le sol, on découvre aisément, à la loupe, quatre rangées de soies ventrales (*s*) très régulièrement groupées par deux dans chaque rangée. Ces soies se rencontrent sur tous les anneaux du Ver ; elles sont raides, un peu recourbées en arrière, et s'accrochent si bien aux corps solides qu'on ne peut, le plus souvent, tirer un Ver de sa galerie sans le mettre en pièces.

Le corps du Ver se rétrécit aux deux bouts ; en avant il se termine par la bouche (*b*), en arrière par l'anus. Les organes des sens font complètement défaut ; toutefois l'ani-

mal a la peau très sensible, et il ne paraît pas indifférent
à l'action des rayons lumineux.

186. Le Ver de terre est omnivore, mais il paraît préférer à toute autre nourriture les aliments végétaux ; bien
qu'il soit absolument dépourvu de dents
et de tout appareil propre à broyer,
il sait ramollir les feuilles et les rendre propres à pénétrer, par fines par-
celles, dans son tube digestif. Il creuse
ses galeries en fouillant la terre avec
la partie antérieure du corps et en
la rejetant à droite et à gauche ; il en
avale aussi des quantités considérables et en extrait les éléments nutritifs.

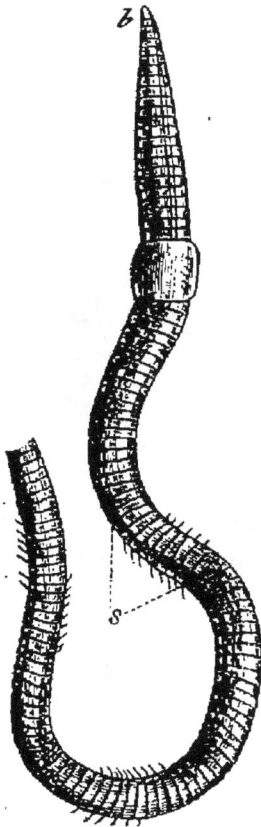

Quand le Ver a suffisamment digéré
la terre avalée, il approche la queue
de l'extrémité de sa galerie, et expulse
par l'anus les résidus inutiles, tout imprégnés de sucs intestinaux. Ce sont
les excréments de cette sorte qui forment les petits monticules terreux et
vermiformes qu'on observe à la surface du sol, après les nuits humides.

Ces déjections sont plus abondantes qu'on ne le croirait au premier
abord. « Dans beaucoup de parties
de l'Angleterre, dit l'illustre Darwin,
plus de dix tonnes de terre passent par le corps des Vers
et sont apportées à la surface, sur chaque acre de super-
ficie ; ainsi tout le lit superficiel de terre végétale doit,
dans le cours de quelques années, passer une fois par
leur corps... »

Fig. 164.— Ver de terre.
Grand. naturelle.

187. Le Lombric dépose dans le sol des œufs blanchâtres, gros comme une tête d'épingle. De ces œufs sortent bientôt de petits vers, qui ressemblent à peu près
complètement à l'adulte.

188. La Sangsue médicinale (fig. 165). — La *Sangsue
médicinale* n'a pas les mêmes habitudes que le Ver de terre;
elle est exclusivement aquatique, habitant de préférence
les fossés, les marais, les étangs et les petits cours d'eau.

189. Elle est d'un brun verdâtre, avec des bandes longitudinales rousses. Son corps est allongé, et se termine par deux surfaces musculeuses assez larges, l'une
en avant, qui entoure la bouche, l'autre à l'extrémité postérieure du corps, immédiatement en arrière de l'orifice
anal. Ces surfaces planes et musculeuses sont appelées
ventouses, parce qu'elles peuvent s'appliquer très exactement sur les corps so-
lides, et y adhérer inti-
mement sous l'action de
la pression atmosphéri-
que. Les ventouses de la
Sangsue lui permettent

Fig. 165. — Sangsue médicinale. Gr. nat.

de se déplacer aisément, quand on la tient hors de l'eau : à
cet effet, dit Moquin-Tandon, « elle commence par fixer,
avec plus ou moins de force, sa ventouse anale; elle
allonge ensuite le corps jusqu'à ce que, arrivée au point
d'extension qui lui convient, elle fixe la ventouse antérieure. Détachant ensuite le disque de derrière et se contractant sur le nouveau point d'appui, elle rapproche sa
ventouse anale de la bouche. La ventouse anale abandonne
la base de sustentation, le corps s'allonge de nouveau, et
l'animal parvient à avancer. »

Dans l'eau, l'animal peut se déplacer de même; mais il
peut aussi le faire en nageant; on le voit alors aplatir son
corps comme un ruban, et le déplacer en lui imprimant
des courbures diverses. On voit aussi fréquemment les
sangsues se balancer dans le liquide, fixées par leur ventouse anale.

Le corps des sangsues est formé d'anneaux, comme celui du Ver de terre; seulement cette structure ne s'aperçoit pas au dehors. Sur les anneaux antérieurs, se voient
dix petits yeux disposés suivant un arc.

190. Les individus sont à la fois mâles et femelles et pondent pendant la belle saison de nombreux œufs, que l'animal réunit dans des cocons d'un à deux centimètres de diamètre. Ces cocons sont abandonnés sur le bord de l'eau; les œufs s'y développent assez rapidement, et l'on en voit bientôt sortir de jeunes sangsues.

191. En liberté dans les eaux, la Sangsue médicinale se nourrit du sang des vertébrés aquatiques; elle se fixe sur sa proie avec sa ventouse buccale, et lui fait une triple entaille dans la peau à l'aide de trois mâchoires dentées situées dans la bouche. Ceci fait, la Sangsue se raccourcit, se gonfle, finit par remplir de sang son tube digestif, puis tombe dans une sorte de torpeur; la digestion commence ensuite et peut durer jusqu'à un mois, si l'animal est bien gorgé.

Les sangsues médicinales sont employées en médecine pour aspirer le sang; leur usage est aujourd'hui un peu moins fréquent qu'autrefois, mais c'est par millions qu'on les emploie encore chaque année en France. On les pêche au printemps, avant qu'elles fabriquent leurs cocons, et on les conserve en lieu frais, dans des vases dont on renouvelle l'eau très souvent.

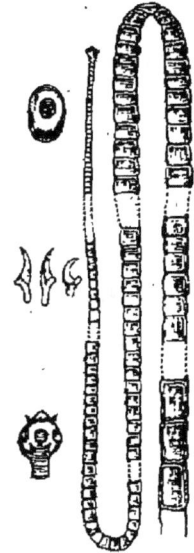

Fig. 166. — Ténia ou Ver solitaire. Grand. naturelle.

Fig. 167. — Ascaride intestinal. Grand. naturelle.

192. Caractères des Vers. — La Sangsue et le Ver de terre appartiennent au groupe des *Vers annelés* et sont essentiellement caractérisés, comme tous les animaux de ce groupe, par la constitution de leur corps, qui est formé d'anneaux placés à la suite et à peu près tous semblables, à l'exception des premiers et des derniers. Qu'ils soient annelés ou non, les *Vers* se distinguent des Articulés en ce qu'ils sont dépourvus de pattes, et en ce que leur corps est ordinairement mou et très allongé ; ils n'ont d'ailleurs pas de téguments chitineux et respirent, soit par la peau, comme le Ver de terre et la Sangsue, soit par des branchies, comme certains Vers annelés marins.

193. Beaucoup de Vers vivent en parasites à l'intérieur du corps des animaux ou de l'homme, et sont fréquemment désignés sous le nom d'*helminthes*. Certains de ces Vers, comme le *Ténia* (fig. 166) ou *Ver solitaire* de l'homme, sont encore formés d'anneaux disposés en série linéaire ; mais d'autres, comme l'*Ascaride* (fig. 167) intestinal de l'homme, en sont complètement dépourvus.

CHAPITRE XX

Mollusques : Colimaçons, Huîtres. — Zoophytes ; quelques mots sur les animaux les plus simples : Corail, Éponge, Protozoaires.

LES MOLLUSQUES

194. **Le Colimaçon.** — Nous sommes dans la belle saison, la pluie vient de tomber ; descendons un instant au jardin.

Parmi les herbes encore humides, contre les murs garnis d'espaliers, voire même sur l'écorce des arbres, rampe avec lenteur, portant comme un fardeau sa coquille spirale, l'*Hélice vigneronne* (fig. 168) des naturalistes, plus connue sous les noms vulgaires d'*Escargot* et de *Colimaçon*.

C'est le moment où l'animal se prépare à ravager les cultures : toutes les plantes du jardin sont à sa merci ; de toutes il fait sa nourriture, choisissant de préférence les fruits les plus mûrs, les feuilles les plus délicates ou les plus tendres bourgeons, et laissant après lui, comme pour marquer son passage, une traînée visqueuse, qui durcit à l'air et prend l'apparence de minces pellicules nacrées.

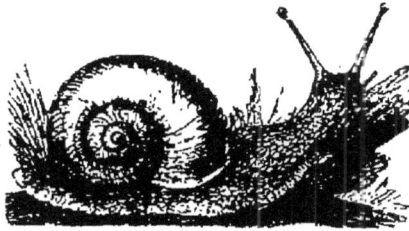

Fig. 168. — Hélice vigneronne. Diamètre de la coquille, 5 cent.

Le Colimaçon (fig. 169) est un vorace herbivore, et on peut le voir aisément ronger les feuilles quand il est au repos. La bouche occupe la partie antérieure du corps, celle qu'on nomme la *tête* et qui porte quatre grandes cornes ou *tentacules,* que l'animal rétracte au moindre contact ; elle renferme des mâchoires propres à broyer et des dents qui retiennent les matières alimentaires.

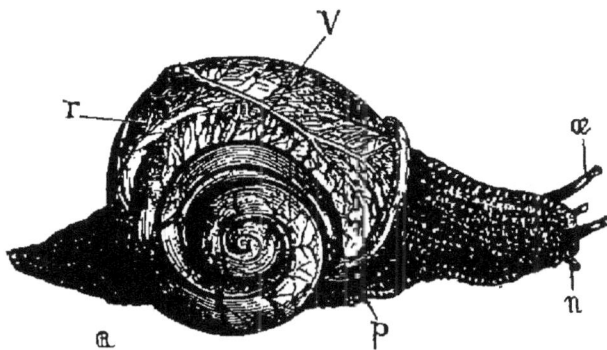

Fig. 169. — Hélice sortie de sa coquille.

Les tentacules servent à explorer le voisinage et portent les organes sensoriels ; les plus rapprochés de la bouche sont les plus petits (n) ; ils servent au toucher et peut-être à l'olfaction ; les deux supérieurs ($œ$) se terminent par des yeux noirs et arrondis.

195. A la tête fait suite une région plus volumineuse et très riche en muscles, qui s'applique intimement sur les corps solides par sa large face ventrale ; cette partie porte le nom de *pied,* parce qu'elle sert aux déplacements de l'animal.

Le reste du corps est invisible au dehors et se loge à l'intérieur de la coquille ; c'est un ensemble d'organes juxtaposés que recouvre une membrane appelée *manteau*. Quand on casse la coquille, on met à nu toute cette région du corps, et on voit (fig. 169) qu'elle affecte une forme spirale comme la coquille elle-même ; de là le nom de *tortillon* (T) qu'on lui a donné. La coquille est un produit calcaire sécrété par le manteau ; elle s'attache au tortillon par un muscle important, qui prend son origine dans la masse même du pied.

196. Le manteau se termine sur le bord même de la coquille par un épais bourrelet blanchâtre ; dans la partie droite de ce bourrelet, quand l'animal est étalé, on voit s'ouvrir et se fermer un assez grand orifice (*p*), près duquel sont rejetées, par intervalles, de petites boulettes d'une matière noirâtre. Ce grand orifice donne accès dans une vaste chambre respiratoire, sorte de *poumon* (V) formé aux dépens du manteau ; quant aux boulettes noirâtres, elles représentent les excréments du colimaçon, et l'anus qui les rejette se trouve sur le bord même de l'orifice pulmonaire.

197. Le Colimaçon se reproduit durant la belle saison ; chaque individu possède à la fois les deux sexes et peut, par conséquent, produire des œufs. Au nombre de cinquante à quatre-vingts, ceux-ci ont à peu près la grosseur d'un petit pois et sont de couleur blanchâtre. L'animal les dépose au fond d'un trou, dans la terre humide, et les abandonne ensuite complètement. Les jeunes éclosent au bout de quinze à trente jours, et atteignent l'état adulte au commencement de l'année suivante.

198. Le Colimaçon est un animal à sang froid, comme tous les invertébrés. Vers la fin de l'automne, il s'enfouit dans la terre ou sous la mousse, rentre à l'intérieur de sa coquille, qu'il ferme complètement avec une sorte d'opercule calcaire, puis tombe en léthargie. Quand revient la chaleur, l'opercule se détache, et le colimaçon reprend sa vie active.

199. On désigne sous le nom de *Colimaçons* tous les mollusques terrestres qui rampent sur le sol avec un pied, et qui sont munis d'une coquille spiralée ; sous le nom de *Limaces* (fig. 170), tous ceux où la coquille a extérieure-ment disparu. Colimaçons et Limaces sont des herbivores très nuisibles ; on leur fait la chasse le matin ou après les pluies douces, et on les détruit, soit en les écrasant, soit en les recouvrant de chaux vive. Cer-

Fig. 170. — Limace, réduite de moitié.

taines espèces, l'*Hélice chagrinée* notamment et la grosse *Hélice vigneronne,* sont recherchées par beaucoup de consommateurs.

Il y a dans les eaux douces et dans la mer beaucoup de

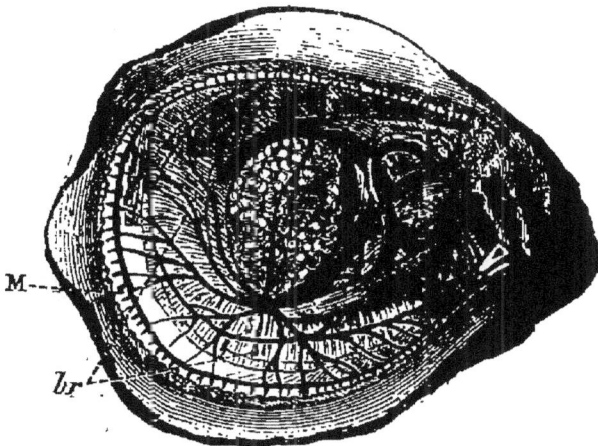

Fig. 171. — Huître avec la valve supérieure enlevée pour montrer les organes. Long., 8 cent.

mollusques semblables aux Colimaçons ; nous les étudie-rons plus tard.

200. Les Huîtres. — La coquille du Colimaçon est tout d'une pièce ; celle de l'Huître (fig. 171) se compose au contraire de deux lames calcaires, l'une convexe et l'autre plate, entre lesquelles est logé le corps de l'animal ; ces

lames étant connues sous le nom de *valves,* on dit que
le Colimaçon est un mollusque *univalve,* et que l'Huître
est un mollusque *bivalve.* Beaucoup d'animaux aquatiques
sont des mollusques bivalves, comme l'Huître : un des
plus répandus est la *Moule,* mollusque comestible qui
abonde sur les rochers dans les parties peu profondes de
la mer.

201. Quand on veut écarter les deux valves d'une Huître vivante, on n'y parvient pas sans de grandes difficul-
tés ; elles sont réunies, en effet, par un muscle (fig. 171, *m*)
volumineux qui va verticalement de l'une à l'autre et qui
les rapproche. Pour ouvrir l'Huître, il faut couper ce
muscle en introduisant une lame entre les deux valves.

Une fois le muscle coupé, la coquille s'ouvre et bâille
d'elle-même, comme si ses valves se trouvaient naturellement écartées par un ressort. Ce ressort existe, en effet ;
il est représenté par un *ligament* élastique et corné qui
réunit les deux valves dans leur partie la plus étroite et
qui se distend, en les écartant, dès qu'elles ne sont plus
rapprochées par le muscle. Grâce à ce ligament, l'Huître
bâille sans aucun effort ; mais le muscle vient-il à se con-
tracter, la résistance du ligament est vaincue, et les deux
valves se rapprochent l'une de l'autre.

Lorsqu'on a enlevé la valve plate de l'Huître, le corps
de l'animal reste adhérent à la valve creuse et peut être
examiné à loisir. Il est enveloppé dans un manteau (M)
formé de deux minces lamelles charnues ; l'une de ces
lamelles s'applique sur la valve plate de la coquille, l'autre
sur la valve creuse. Il suffit d'enlever la lamelle correspondant à la valve plate pour découvrir tous les organes
de l'Huître ; on voit alors que le pied, la tête et les organes des sens font défaut, mais que les organes respiratoires sont très développés et forment des *branchies* (*br*)
plissées autour du corps.

202. L'Huître vit dans la mer, à une faible profondeur, fixée aux rochers par sa valve convexe. On la pêche avec un filet appelé *drague,* et on la livre ensuite à la

consommation, à moins qu'on ne veuille s'en servir pour
la reproduction; en ce cas on la dépose dans des bassins peu profonds, où elle abandonne ses œufs et où les
jeunes huîtres se fixent sur des corps solides disposés à
cet effet.

203. Caractères des Mollusques. — Le corps des *Mollusques* est enveloppé dans un *manteau* et généralement
protégé par une *coquille* que sécrète le manteau; il ne
paraît pas formé d'anneaux placés à la suite. L'appareil de
la locomotion se compose d'une saillie charnue qu'on désigne sous le nom de *pied,* et qui fait parfois défaut. La
respiration s'effectue par des poumons chez les espèces
terrestres, par des branchies chez celles qui vivent dans
l'eau. L'appareil digestif a toujours deux orifices, une
bouche et un anus.

LES ZOOPHYTES

204. L'Étoile de mer (fig. 172). — Quand la mer se re-

Fig. 172. — Étoile de mer, réduite de moitié.

tire, elle abandonne fréquemment sur la plage des animaux à cinq rayons, qu'on désigne sous le nom d'*Étoiles
de mer.* Leur corps est couvert de piquants sur l'un des

côtés ; sur l'autre, il porte quatre rangées de tubes rétractiles qui permettent à l'animal de se déplacer.

Ces animaux sont très voraces ; leur bouche est située au centre du corps, du côté opposé aux piquants ; elle donne accès dans un tube digestif assez vaste, dont l'anus est loin d'être bien distinct. C'est dans ce tube digestif que l'animal digère les moules et autres animaux marins qui lui servent de nourriture.

Les rayons du corps de l'Étoile de mer étant disposés autour du centre de l'animal comme les pétales d'une fleur, l'Étoile de mer est rangée parmi les *Zoophytes*, c'est-à-dire parmi les animaux qui ressemblent, jusqu'à un certain point, à des plantes.

Fig. 173. — Rameau de corail réduit au 1/4, et polype de corail grossi.

205. Le Corail. — Les animalcules du *Corail* (fig. 173) ressemblent encore plus à des fleurs que les Étoiles de mer ; ils sont d'une blancheur de neige, et leurs rayons, appelés *tentacules*, sont délicatement découpés sur les bords.

Ces animaux ne vivent pas à l'état isolé. Ils bourgeonnent les uns à côté des autres et forment ainsi des colonies, dont tous les individus communiquent entre eux par des canaux.

L'eau qui arrive dans la bouche d'un individu, entraînant avec elle les matières nutritives, pénètre dans la cavité du corps, puis dans les canaux, et peut servir ainsi à irriguer et à nourrir les autres individus.

Les colonies de Corail sont arborescentes et fixées aux rochers de la mer ; elles sécrètent, au milieu de leur substance, une matière calcaire rouge qui a la forme de la colonie elle-même.

Cette matière calcaire est susceptible d'un très beau poli; c'est le *corail* du commerce. On la pêche avec des filets particuliers sur les côtes de l'Algérie et de la Tunisie.

206. Les Éponges. — Les *Éponges* sont des zoophytes comme le Corail et forment comme lui des colonies compliquées (fig. 174), qui sécrètent à leur intérieur des éléments solides. Dans l'Éponge du commerce, on a fait disparaître par un traitement spécial toute la matière vivante, et il ne reste plus que le squelette, qui est formé de fibres cornées.

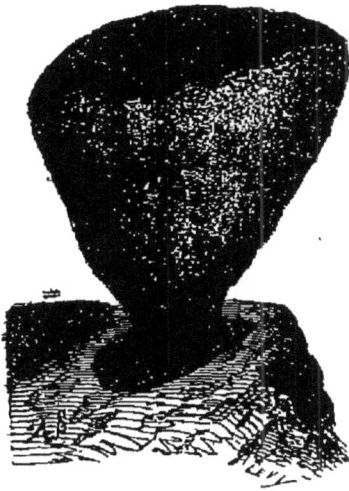

Fig. 174. — Éponge.

Les individus de chaque colonie sont ordinairement si bien confondus les uns avec les autres qu'il est impossible de les distinguer. Un système de canaux parcourt tout l'ensemble et débouche en de nombreux points à la surface; l'eau qui parcourt ces canaux entraîne avec elle les éléments nutritifs qu'elle tient en suspension et permet à la matière vivante de respirer.

L'Éponge du commerce est fixée sur les rochers au fond de la mer; on la pêche en certains points de la Méditerranée, surtout dans les eaux du Levant. Tantôt on l'arrache avec des engins, tantôt des plongeurs vont directement la détacher.

207. Zoophytes ou Rayonnés; caractères. — Les *Zoophytes* rappellent les plantes par leur forme; ils n'ont pas d'organes respiratoires particuliers, et fréquemment même (Corail, Éponge) sont dépourvus de tube digestif.

On les désigne aussi sous le nom de *Rayonnés,* parce que les diverses parties de leur corps sont souvent disposées comme des rayons autour d'un centre.

208. Protozoaires. — Il existe en abondance, dans les eaux douces, des animaux semblables à des corpuscules gélatineux, et si petits qu'on doit recourir, pour bien les distinguer, aux grossissements les plus forts du microscope. Ils se développent en grand nombre dans les infusions de plantes, et reçoivent, pour cette raison, le nom d'*Infusoires* (fig. 175).

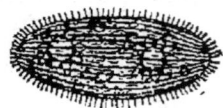

Fig. 175. — Infusoire, grossi 90 fois.

Des organismes semblables existent aussi dans la mer, mais ils jouissent pour la plupart du pouvoir de sécréter des éléments solides. Ceux qui sécrètent du calcaire sont appelés *Foraminifères,* parce que leur coquille est percée de nombreux petits trous; les autres sont désignés sous le nom de *Radiolaires* (fig. 176), à cause de la disposition rayonnée des baguettes siliceuses qui constituent leur squelette.

Les Infusoires, les Foraminifères et les Radiolaires sont les plus simples et les

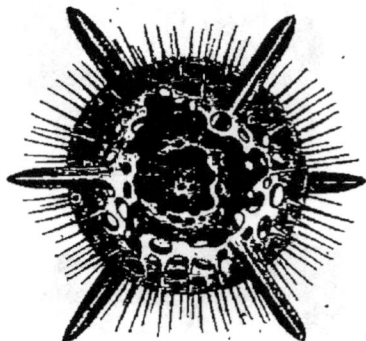

Fig. 176. — Radiolaire, grossi 300 fois.

plus petits de tous les animaux ; on les réunit dans un embranchement spécial, celui des *Protozoaires.*

BOTANIQUE

CHAPITRE XXI

Caractères des végétaux. — Étude sommaire de la
Plante. — Forme, structure, fonctions des racines
et des tiges.

1. Étude sommaire de la Plante. — Dès qu'arrivent
les premiers beaux jours, la *Giroflée* pousse aux crevasses
des vieux murs, et épanouit dans les par-
terres ses touffes jaunes parfumées. C'est
alors qu'on la vend en bottes dans les rues ;
mais il vaut mieux attendre, pour en faire
l'étude, qu'elle ait perdu la plupart de ses
fleurs (fig. 177 *bis*).

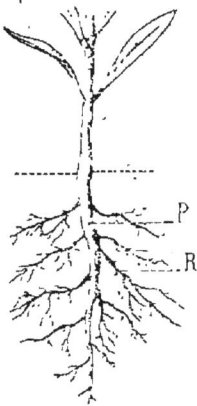

2. La Giroflée s'enfonce dans le sol et
s'y fixe par une sorte de long pivot vertical
qu'on nomme *racine* (fig. 177, P) ; ce pivot
donne naissance à des ramifications nombreuses appelées *radicelles* (R), qui se ramifient à leur tour et qui fixent d'autant mieux
la plante qu'elles sont plus multipliées.

Fig. 177. — Racine
de Giroflée.

La racine est complètement cachée dans le sol ; elle se
continue dans l'air par un prolongement vertical auquel on
donne le nom de *tige* et qui émet à son tour, de manière à
former des touffes, un certain nombre de *rameaux* obliques.

3. Sur les rameaux et sur la tige sont portées latéra-

lement des lames vertes, appelées *feuilles*. Grâce à leur multiplicité et à leur forme, les feuilles offrent à l'air une large surface de contact, et servent, par conséquent, plus que la tige et la racine aux fonctions respiratoires de la plante.

Elles servent aussi à puiser dans l'air certains matériaux nutritifs, sans lesquels le végétal ne pourrait vivre ; les autres éléments nécessaires à la plante sont absorbés dans le sol par les racines et par les radicelles, d'où ils passent ensuite dans la tige et dans ses rameaux, puis dans les feuilles et dans les fleurs.

4. Les *fleurs* (fig. 177 *bis*) de la Giroflée sont jaunes, mais

Fig. 177 *bis*. — Pied de Giroflée avec feuilles, fruits et fleurs. Hauteur, 60 cent.

souvent teintées de brun ; elles s'épanouissent en grappes aux extrémités des rameaux, et exhalent dans l'air une agréable odeur de violette, qui a fait donner à la Giroflée jaune le nom de *violier*.

Au centre de la fleur (fig. 178, *o*) s'élève une colonne verdâtre munie de deux languettes à son extrémité supérieure. Quand la fleur disparaît, cette colonne persiste et grandit, de-

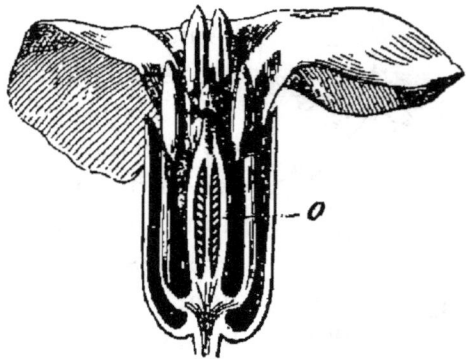

Fig. 178. — Fleur de Giroflée coupée verticalement au milieu.

vient grisâtre, et finalement s'ouvre en laissant tomber sur la terre de petits corps bruns, qui constituent la *graine*.

Si la graine trouve dans le sol, en quantité convenable,

de la chaleur et de l'humidité, elle entre en *germination* et donne bientôt naissance à une giroflée toute pareille à celle qui l'a produite.

5. Caractères des végétaux. — La Giroflée se nourrit, respire et se reproduit; elle accomplit, en d'autres termes, toutes les fonctions de nutrition qu'exécutent les animaux ; mais elle paraît insensible et incapable de tout mouvement volontaire, et diffère profondément en cela de tous les représentants du règne animal.

On donne le nom de *végétal* ou de *plante* à tous les êtres qui sont, comme la Giroflée, incapables de se mouvoir et de sentir, mais qui ont la faculté de se nourrir, de respirer et de se reproduire. L'ensemble de tous ces êtres constitue le *règne végétal* ou *monde des plantes,* et l'on appelle *botanique* la partie de l'histoire naturelle qui étudie ces êtres.

Fig. 179.
Racine de blé.
Carotte,

La racine.

6. Forme de la racine. — La racine et la Giroflée se compose d'un long pivot (fig. 177, P) qui s'enfonce dans le sol et qui émet de nombreuses radicelles (R) ramifiées à leur tour; c'est ce qu'on appelle une *racine pivotante.* La Carotte, la Luzerne, l'Orme, etc., ont également des racines pivotantes.

Toutes les racines ne sont pas ainsi faites; celle du Blé (fig. 179), par exemple, n'a qu'un pivot extrêmement court, mais ce pivot émet sur toute sa surface de nombreuses radicelles, qui s'éparpillent et s'étalent dans les couches superficielles de la terre. Les racines de cette sorte étant caractérisées par le groupement en faisceau de leurs radicelles, on leur donne pour cette raison le nom de *racines fasciculées.*

Les ramifications les plus fines des radicelles forment, à la surface de toutes les parties de la racine, une sorte de *chevelu* qu'on voit surtout très bien quand on met dans un peu d'eau un fragment de racine ou de radicelle.

7. Si l'on examine à la loupe ou au microscope les der-nières ramifications de ce chevelu, on observe ce qui suit :

Fig. 180. — Lentille d'eau, avec sa racine et sa coiffe. Gr. nat.

1° Aux extrémités libres de tou-tes les ramifications, une partie épaisse, souvent jaunâtre, et ter-minée en pointe plus ou moins obtuse; c'est ce qu'on appelle la *coiffe* (fig. 180);

2° A quelque distance de la coiffe, et parfois sur une grande longueur du chevelu, des poils assez longs, parfois ramifiés et presque toujours très nombreux; en raison des fonctions qui leur

Fig. 181. — Extrémité d'une radicelle, gros-sie.

sont dévolues et que nous signalerons tout à l'heure, on donne à ces poils le nom de *poils absorbants* (fig. 181, *p*).

8. **Structure de la racine.** — Si, au lieu d'étudier la surface de la racine, on passe à l'exa-men de sa structure, on n'a pas de peine à y distinguer deux parties (fig. 182) : l'une externe, qui s'enlève aisé-ment et qui a une consistance assez faible; l'autre interne, beaucoup plus dure et de forme cylindrique; la pre-mière est l'*écorce* de la racine; la se-conde en est le *cylindre central*.

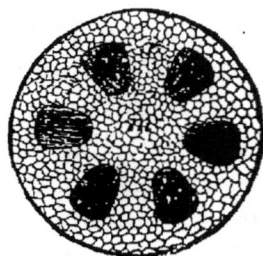

Fig. 182. — Coupe trans-versale dans une ra-cine.

9. Le *cylindre central* (fig. 183, C) est dur et épais dans les parties les plus grosses de la racine; il prédomine au contraire de moins en moins sur l'écorce, à mesure qu'on se rapproche des plus fines ra-dicelles. Il est facile de constater ces différences en cou-pant en travers la racine et les radicelles, à différents niveaux.

Quand on examine ces coupes à l'œil nu, ou mieux en-

core à la loupe, on distingue très nettement dans le cylindre central des lignes blanchâtres qui se dirigent du
centre à la périphérie comme les rayons d'un cercle. Ces
rayons (*r*) viennent se perdre et disparaître dans la partie
centrale de la racine, celle qu'on désigne communément
sous le nom de *moelle* (*m*); ils mettent en relation l'écorce
(E) avec la moelle et sont appelés pour cette raison *rayons
médullaires* (fig. 183, *r*).

Entre les rayons médullaires se trouvent compris des
secteurs (*f*) peu larges et de teinte moins claire; ce sont

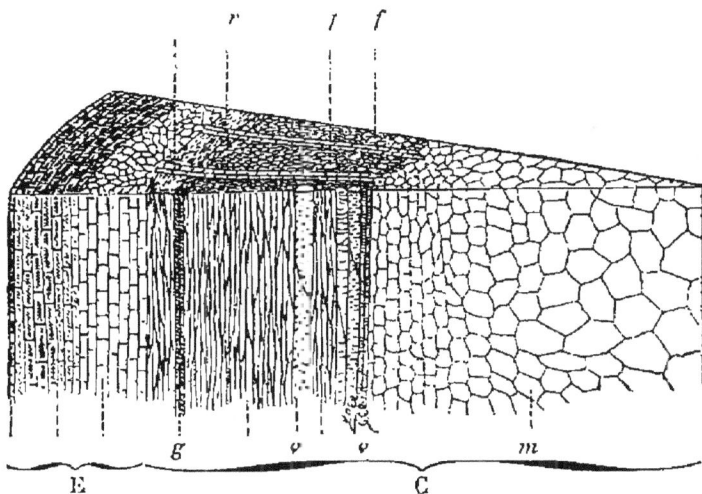

Fig. 183. — Fragment très grossi d'une racine de Marronnier.

es faisceaux du bois, nommés aussi *faisceaux ligneux*
(fig. 182). Si on découpe dans une racine, avec un rasoir,
des rondelles très minces, et si on étudie ces rondelles au
microscope, on voit que les faisceaux ligneux (fig. 183, *f*)
sont parcourus par des tubes cylindriques dont la coupe
transversale se présente, sur les rondelles, sous la forme
de cercles assez grands. Ces tubes reçoivent le nom de
vaisseaux ligneux (*v*); ils conduisent dans la tige les liquides nutritifs absorbés dans le sol par les poils de la
racine.

Les parties les plus externes des secteurs du cylindre
central renferment des vaisseaux épais et fortement apla-

tis; elles ont reçu le nom de *faisceaux du liber* (*l*), parce que, dans certaines plantes, elles peuvent se diviser en lamelles superposées comme les feuillets d'un livre; les vaisseaux qui les traversent sont appelés *vaisseaux libériens*.

10. Les faisceaux du bois sont séparés de ceux du liber par une région circulaire, la *zone génératrice* ou *cambium* (*g*), dans laquelle se forment, pendant la belle saison, de nouvelles couches de liber et de bois. Au printemps, cette zone devient tellement délicate qu'elle se déchire et qu'on l'enlève en même temps que le liber (*l*) et l'écorce (E) quand on tente d'arracher cette dernière. Aussi, dans le langage vulgaire, donne-t-on le nom d'écorce à l'ensemble de l'écorce vraie et du liber.

11. Fonctions de la racine. — En s'enfonçant dans la terre et en y étalant ses radicelles, la racine *fixe la plante au sol;* c'est là sa fonction la plus apparente, et elle la remplit d'autant mieux qu'elle est plus pivotante et que ses radicelles sont plus développées. Le rôle de la coiffe est de protéger contre les frottements la pointe délicate de la racine, à mesure qu'elle pénètre plus avant dans la terre.

12. Le sol renferme, à l'état de solution aqueuse, les éléments minéraux nécessaires à la vie de la plante. Dans la deuxième année de ce cours, nous montrerons que *ces éléments sont absorbés par les poils des racines,* qu'ils passent ensuite dans les vaisseaux du bois, et qu'ils s'élèvent de là peu à peu vers la tige.

La tige.

13. Forme de la tige. — La tige de la Giroflée se compose, comme la racine, d'un pivot vertical, mais ce pivot est dirigé en sens inverse; il est d'ailleurs bien plus allongé, et ses rameaux sont presque dirigés dans le sens vertical.

14. La tige d'un végétal (fig. 184, T) porte les feuilles (F^1, F^2), et les rameaux (*t*, *t*^{2}) de la tige naissent à l'aisselle de certaines de ces feuilles. A l'extrémité de la tige

et des rameaux, les feuilles sont très jeunes, très rapprochées et s'appliquent intimement les unes sur les autres; elles forment ainsi un *bourgeon* (fig. 185), qui protège et met à l'abri de l'air la jeune et délicate partie terminale. C'est sous la forme de bourgeons qu'apparaissent d'abord les rameaux.

15. Structure de la tige. — La tige présente les mêmes parties que la racine. Il est bon d'observer toutefois :

1° Que l'écorce de la tige, et parfois aussi le bois, pré-

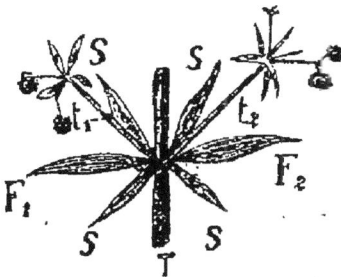

Fig. 184. — Tige et rameaux de Guillet.

Fig. 185. — Coupe verticale théorique d'un bourgeon.

sentent une coloration verte très marquée, qui n'existe pas dans la racine;

2° Que la moelle de la tige est toujours plus développée que celle de la racine, qu'elle est poreuse et peu consistante, et qu'elle est d'autant plus réduite qu'on se rapproche davantage de la racine.

16. Fonctions de la tige. — C'est par ses vaisseaux que la tige conduit dans les feuilles et dans les fleurs le liquide nutritif que les racines ont puisé dans le sol.

Ainsi la tige joue un rôle conducteur comme la racine; elle en a d'ailleurs un autre, non moins important, qui consiste à porter les feuilles et à les mettre le plus possible en rapport avec l'air.

CHAPITRE XXII

Forme, structure et fonctions des feuilles.

HISTOIRE DE LA GIROFLÉE A FLEURS JAUNES (SUITE)

Les feuilles.

17. Parties de la feuille. — Avant d'étudier les feuilles de la Giroflée, jetons un coup d'œil sur celles d'une autre plante très vulgaire, la Mauve (fig. 186).

Elles se divisent en deux parties très distinctes : l'une de ces parties est très grêle et s'insère sur la tige; on lui donne le nom de *pétiole* (*pe*); l'autre (*li*) est plate, très large et reçoit le nom de *limbe*.

Dans la Giroflée (fig. 177), les feuilles sont allongées et oblongues; au sommet, elles se terminent en pointe, à la manière d'une lance,

Fig. 186. — Feuille de Mauve.

d'où le qualificatif de *lancéolées* qu'on leur attribue; à la base, elles se rétrécissent progressivement et s'insèrent sur la tige sans former de pétiole distinct. On qualifie de *sessiles* les feuilles dépourvues de pétiole, comme celles de la Giroflée, et on donne le nom de *pétiolées* aux feuilles qui en ont un, comme celles de la Mauve.

Dans le Blé (fig. 187) le limbe (*li*) de la feuille est encore plus allongé que celui de la Giroflée, mais il se fixe sur la tige par l'intermédiaire d'une lame verte qui enveloppe la tige (*t*) comme un manchon. On appelle *gaine* (*g*) ce manchon, et feuilles *engaînantes* celles qui sont munies d'une gaine.

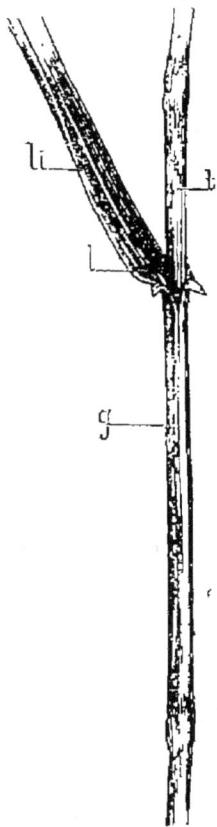

La *gaine,* le *pétiole* et le *limbe,* telles sont les trois parties constitutives des feuilles les plus complètes.

18. Forme des feuilles. — Les feuilles de la Giroflée ne présentent pas la moindre échancrure sur leurs bords et sont pour cette raison dites *entières* (fig. 138, A, n° 1).

Celles de l'Orme (n° 2) et du Cerisier sont déjà plus compliquées, parce qu'elles présentent de nombreuses dents ; ce sont, comme on dit, des feuilles *dentées.* Dans le Lierre terrestre (n° 6), les dents sont remplacées par des saillies arrondies, et les feuilles sont dites *crénelées ;* dans le Chêne (fig. 188, B, n° 2), on les qualifie de *lobées,* parce que les échancrures des bords déterminent dans le limbe des *lobes* très saillants ; dans le Pavot, ces lobes atteignent presque le milieu du limbe et deviennent des *partitions,* d'où le nom de *partites* (n° 3) qu'on donne aux feuilles de cette plante ; dans le Cresson enfin, les partitions atteignent le milieu de la feuille et deviennent des *segments* presque indépendants ; on dit alors que les feuilles sont *séquées* (n° 4).

19. Toutes les feuilles précédentes sont dites *simples,* parce que leur limbe est tout d'une pièce. Dans les feuilles *composées* (fig. 189), au contraire, le limbe est divisé en parties plus ou moins nombreuses qui reçoivent le nom de *folioles,* parce qu'elles ressemblent à de petites feuilles sim-

Fig. 187. — Portion de tige de Blé.

ples. C'est ce qu'on observe avec une grande évidence dans le Marronnier d'Inde, dans le Rosier et dans la Carotte.

Dans l'Acacia (fig. 189, n° 5) et dans la Carotte, les folioles sont situées à droite et à gauche du pétiole principal, comme les barbes d'une plume, et la feuille est dite

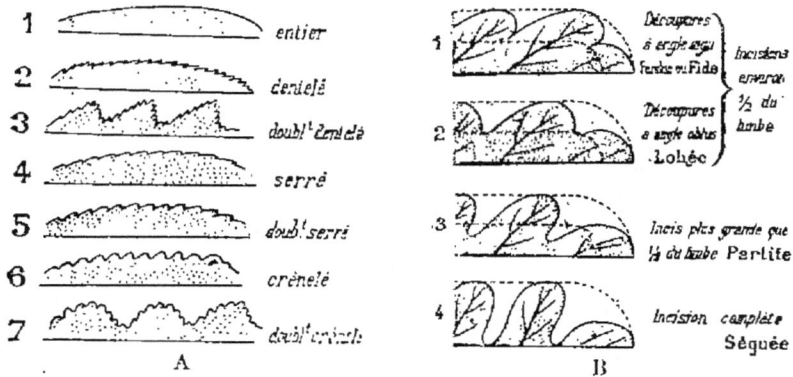

Fig. 188. — Schéma des découpures des feuilles.

composée pennée ; dans le Marronnier d'Inde (fig. 190), au contraire, les folioles s'attachent au même point sur le pétiole commun; elles rappellent ainsi, par leur disposition, le groupement des doigts de la main, et les feuilles qu'elles constituent reçoivent pour cette raison le nom de composées palmées.

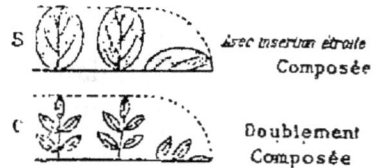

Fig. 189. — Schéma de feuilles composées.

20. A droite et à gauche du point où s'insèrent sur la tige certaines feuilles simples ou des feuilles composées (Pois), s'insère en même temps une petite foliole appelée *stipule* (fig. 184, S; fig. 186, St). Dans le Rosier les stipules existent aussi, mais elles se soudent en partie au pétiole.

21. **Nervures des feuilles.** — Comme il est facile de s'en convaincre en étudiant à la loupe les coupes faites dans de gros pétioles, ceux du Rosier ou du Marronnier d'Inde par exemple, la structure du pétiole ne diffère pas au fond de celle des rameaux, et comprend comme elle une écorce, du liber, du bois, de la moelle et des faisceaux.

Quand le pétiole atteint le limbe, les faisceaux continuent leur marche à l'intérieur de ce dernier (fig. 186) et y forment des *nervures,* qu'on aperçoit en creux à la surface supérieure de la feuille et en saillie à la face inférieure.

Dans le Blé (fig. 187) les nervures sont sensiblement parallèles, et la feuille est dite *rectinerve;* dans l'Orme (fig. 191), il existe au milieu du limbe une nervure principale qui émet à droite et à gauche des nervures secondaires disposées comme les barbes

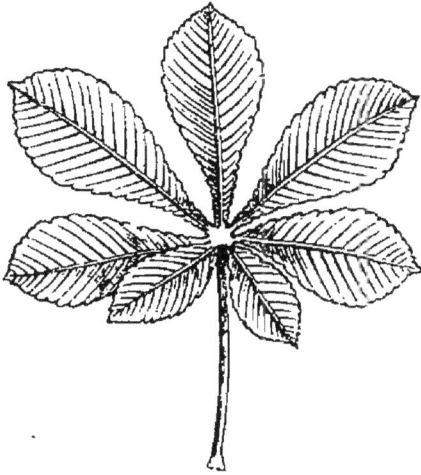

Fig. 190. — Marronnier d'Inde. — Feuille composée palmée.

d'une plume, la feuille est dite alors *penninerve;* enfin, les feuilles de la Mauve (fig. 186) sont dites *palminerves,* parce que leurs trois nervures principales s'insèrent au même point sur l'extrémité du pétiole.

Dans la Giroflée la nervation est pennée, mais on ne voit bien distinctement que la nervure médiane, les nervures latérales étant plus ou moins dissimulées à l'intérieur du limbe épais de la feuille.

22. Disposition des feuilles. — Les feuilles de toutes les plantes s'insèrent transversalement sur la tige, de manière à tourner une de leur face vers le haut, la face opposée vers le bas; elles sont ordi-

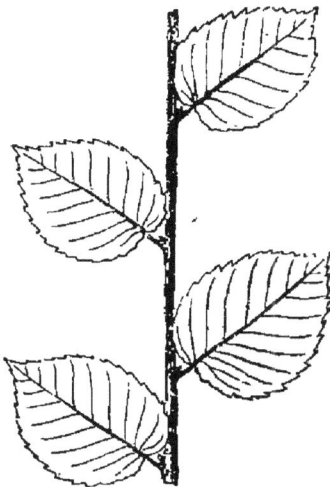

Fig. 191. — Orme. Feuilles alternes.

nairement un peu inclinées du côté de la tige ou du rameau qui les porte.

On appelle *nœud* le point de la tige où s'insère une

feuille. Dans la Giroflée et dans l'Orme (fig. 191), les
feuilles sont dites *isolées,* parce qu'il n'en existe jamais
plus d'une à chaque nœud ; dans l'Asclépiade (fig. 192),
où il y en a deux, et dans le Laurier-Rose (fig. 193), où il
y en trois, on dit au contraire que les feuilles sont réunies
en *verticilles,* ou plus brièvement qu'elles sont *verticillées.*

Les feuilles de deux verticilles successifs, au lieu d'être
directement superposées, *alternent* les unes avec les

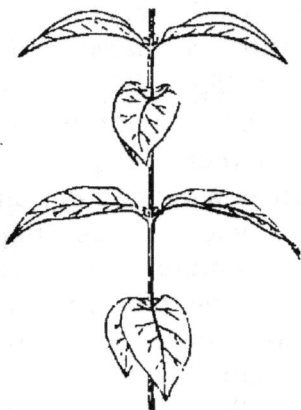

Fig. 192.   Fig. 193.
Feuilles verticillées.

autres, de sorte que les feuilles d'un verticille correspondent (fig. 192) aux intervalles interfoliaires du verticille
le plus rapproché. Les feuilles isolées successives ne se
superposent pas davantage et sont, pour cette raison, dites *alternes.*

23. Les feuilles sont disposées sur la tige de manière
à pouvoir être aussi bien que possible éclairées et aérées.
Il est évident, en effet, que si les feuilles se superposaient
toutes en une même rangée, elles se priveraient mutuellement d'air et de soleil ; il est non moins évident que
leur insertion transversale sur la tige favorise l'éclairement
beaucoup mieux que ne le ferait une insertion verticale.

24. **Structure des feuilles.** — Si l'on arrache avec une
aiguille des lambeaux de la pellicule qui recouvre la feuille

de la Giroflée, et si l'on examine ces lambeaux à un faible grossissement du microscope, on voit que la pellicule de la face inférieure est percée d'une infinité de petites fentes (fig. 194, s), tandis qu'il n'y en a qu'un très petit nombre sur la face supérieure.

Les petites fentes de la face inférieure sont bordées par deux lèvres en forme de haricot; on les désigne sous le nom

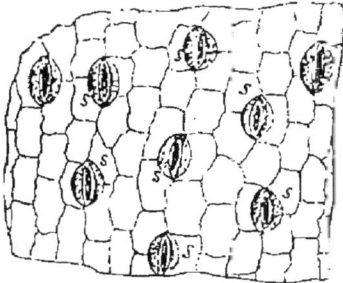

Fig. 194. — Épiderme de la Giroflée, avec ses stomates, vu au microscope.

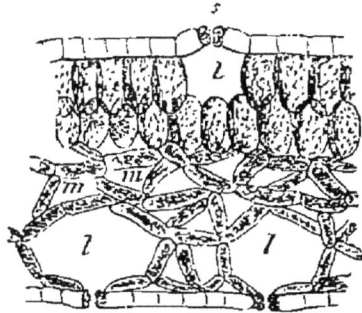

Fig. 195. — Coupe transversale dans une feuille de Giroflée. Très grossie.

de *stomates* (fig. 194, s); elles permettent à l'air ambiant de communiquer avec les nombreuses mais très petites lacunes (fig. 195, *l*, *m*) que renferme le limbe de la feuille.

Le tissu des feuilles est coloré par une matière verte appelée *chlorophylle;* on dissout cette matière, en même temps que beaucoup d'autres produits, en faisant macérer des feuilles dans l'alcool. Elle est ordinairement plus abondante sur la face supérieure des feuilles que sur leur face inférieure.

25. Fonctions des feuilles. — 1° *Nutrition.* — Renversons sur une assiette un verre ou une cloche remplie d'eau chargée d'anhydride carbonique, et renfermant un rameau de plante couvert de feuilles (fig. 196); plaçons le verre à la lumière du soleil et examinons-en le contenu au bout de quelques heures. Nous verrons que l'eau a perdu beaucoup de son anhydride carbonique et qu'une quantité de gaz assez forte s'est accumulée à la partie supérieure du verre. Si l'on recueille ce gaz dans un tube, et si l'on y plonge une allumette enflammée, on voit celle-ci brûler avec une grande intensité ; le gaz est de l'oxygène, et il provient de la décomposition du gaz carbonique par la feuille. A l'obscurité, il n'y a aucun dégagement d'oxygène, et il en serait de même, à la lumière comme à l'obscurité, avec un champignon ou toute autre plante dépourvue de chlorophylle.

On peut donc dire que les feuilles, *grâce à la chlorophylle* qu'elles contiennent, se nourrissent *pendant le jour* avec le gaz carbonique du milieu où elles vivent; *elles s'assimilent le carbone de ce gaz et rejettent dans l'air son oxygène.*

Cette fonction importante est connue sous le nom de *nutrition,* ou d'*assimilation chlorophyllienne.*

26. 2º *Respiration.* — Quand on met une plante à l'obscurité sous une cloche remplie d'air, la plante végète quelque temps, puis meurt, laissant un gaz qui éteint les allumettes, blanchit l'eau de chaux et renferme par conséquent du gaz carbonique. La plante a pris à l'air (fig. 197) l'oxygène qu'il contient, s'en est servie pour les besoins de sa *respiration,* et a rejeté du gaz carbonique.

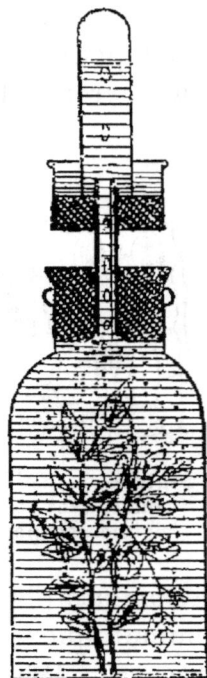

Fig. 196. — Appareil pour recueillir l'oxygène dégagé à la lumière par la feuille.

Les plantes *respirent* donc à la manière des animaux, *en absorbant de l'oxygène et en rejetant du gaz carbonique.* Elles respirent *de la même manière le jour que la nuit;* mais, pendant le jour, le gaz carbonique rejeté est immédiatement repris et décomposé, sous l'action des phénomènes d'assimilation chlorophyllienne.

27. 3º *Transpiration.* — Mettons sous une cloche un pot renfermant une plante (fig. 198); recouvrons par un disque (*d*) la terre du pot, afin d'empêcher l'évaporation de l'eau

qu'elle contient, puis mettons le tout *à l'obscurité;* au bout de quelques heures, une buée de vapeur se répandra sur les parois de la cloche. On dit que la plante a transpiré, et on désigne sous le nom de *transpiration* l'émission que fait la feuille, *à tout moment,* d'une certaine quantité *de vapeur d'eau.*

28. 4° *Chlorovaporisation.* — Répétons l'expérience précédente, mais faisons-la *en pleine lumière.* L'émission de vapeur va devenir beaucoup plus intense, et les gouttelettes de buée couvriront bientôt les parois de la cloche. Avec les plantes dépourvues de chlorophylle, cette augmentation dans l'émission d'eau ne pourrait être constatée.

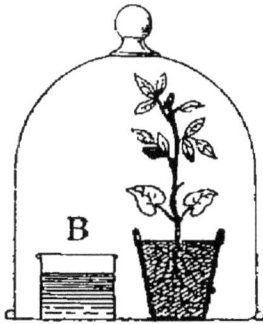

Fig. 197. — Respiration.
Le verre B renferme de l'eau de chaux qui absorbe le gaz carbonique et forme avec lui du carbonate de chaux.

Ainsi, *grâce à la chlorophylle qu'elle contient, la plante rejette pendant le jour une quantité de vapeur d'eau beaucoup plus grande qu'à l'obscurité.* C'est à ce phénomène qu'on a donné le nom de *chlorovaporisation.*

29. Ces quatre fonctions essentielles : *nutrition chlorophyllienne, respiration, transpiration* et *chlorovaporisation,* ne sont pas localisées dans la feuille, mais c'est dans les feuilles qu'elles s'exercent avec le plus d'intensité, parce que ces organes offrent à l'air une large surface, et parce qu'ils sont percés de stomates qui facilitent les échanges avec l'air ambiant.

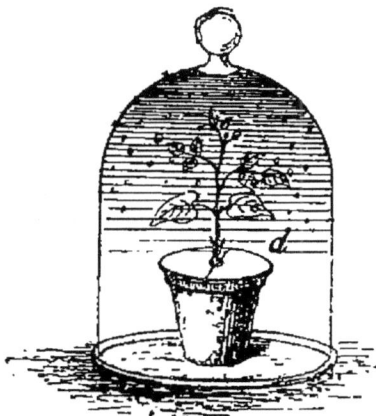

Fig. 198. — Transpiration des plantes.

Mais *toutes les parties* de la plante, quelle que soit leur

coloration, respirent et transpirent, et *toutes les parties
vertes* sont douées comme la feuille des deux fonctions
chlorophylliennes : l'assimi-
lation du carbone et la chlorovaporisation.

**30. Transformation de la
sève dans les feuilles** (fig.
199). — Les liquides puisés
dans le sol par les racines
arrivent dans les feuilles par
l'intermédiaire des vaisseaux
ligneux (B) de la racine et de
la tige, et s'y répandent par
ceux des nervures; ils constituent ce qu'on appelle la
sève brute.

Dans les feuilles, cette sève
perd par transpiration et
chlorovaporisation une partie
de son eau, mais elle s'en-
richit de carbone grâce à l'assimilation chlorophyllienne,
et se transforme ainsi en un
liquide plus épais et plus
riche en matière nutritive, la
sève élaborée.

Celle-ci passe dans les vais-

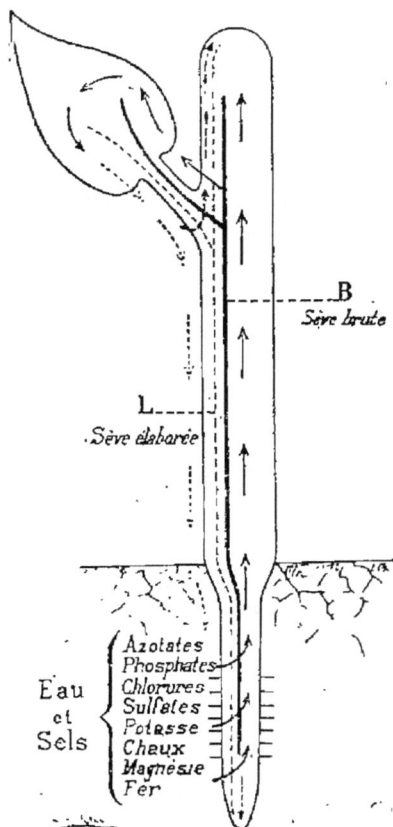

Fig. 199. — Schéma représentant
les fonctions d'une plante.

seaux du liber (L), se rend dans toutes les parties de la
plante et distribue, chemin faisant, les nombreux éléments nutritifs qu'elle contient.

CHAPITRE XXIII

Forme, structure et fonctions des fleurs. — Développement de la plante. — Plantes annuelles et bisannuelles.

HISTOIRE DE LA GIROFLÉE A FLEURS JAUNES (SUITE)

Les fleurs.

31. Les parties d'une fleur. — A leur extrémité supérieure, la tige principale et les rameaux de la Giroflée

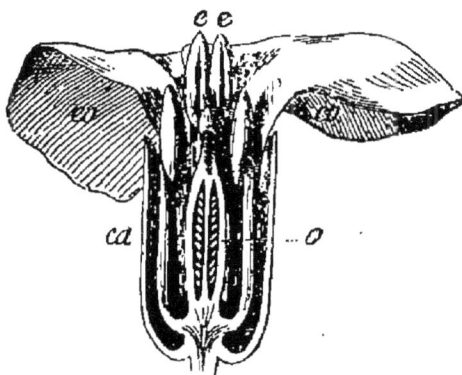

Fig. 200. — Coupe verticale médiane dans une fleur de Giroflée.

émettent à différentes hauteurs des rameaux plus grêles et assez courts qui se terminent par une fleur, comme l'axe principal lui-même (fig. 177 *bis*). Les petits rameaux florifères sont appelés *pédicelles,* et l'ensemble de toutes les fleurs groupées sur un même rameau, au bout de pédicelles assez courts, est désigné sous le nom de *grappe.*

Si nous appelons *inflorescence* la manière dont les fleurs sont disposées sur les parties de la plante qui les portent, nous dirons que la Giroflée a une *inflorescence en grappe.* Nous verrons, dans les chapitres suivants, que les modes d'inflorescence sont très variés.

L'extrémité des pédicelles floraux de la Giroflée se dilate en un petit plateau appelé *réceptacle,* sur lequel s'insèrent les diverses parties de la fleur.

De toutes ces parties, la plus extérieure se compose de quatre lames droites, d'un vert rougeâtre, qui forment le *calice* floral (fig. 200, *ca*). En dedans du calice se voient quatre pièces plus longues, de couleur jaune, qui constituent la *corolle* (*co*). La corolle enlevée (fig. 202), on trouve six filaments verdâtres (fig. 200, *e*, et fig. 202) qui forment l'*androcée* ou organe mâle de la fleur. Les étamines enlevées à leur tour, il reste au centre une colonne verte qui représente l'organe femelle et qu'on désigne sous le nom de *gynécée* ou de *pistil* (*o*).

Calice, corolle, androcée et *gynécée*, telles sont les quatre parties de la fleur de la Giroflée. Le calice et la corolle sont de simples enveloppes florales ; l'androcée et le gynécée sont

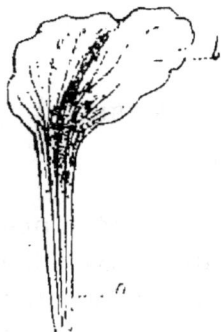

Fig. 201. — Pétale de Giroflée.

les organes reproducteurs, c'est-à-dire les parties essentielles de la fleur.

Fig. 202. — Étamines de la Giroflée.

32. Enveloppes florales. — Le *calice* de la Giroflée se compose de quatre pièces disposées en croix et assez semblables à de courtes feuilles sessiles plus ou moins teintées de vert ; chacune de ces pièces est un *sépale*.

Les quatre pièces de la *corolle* sont disposées en croix comme celles du calice, mais elles *alternent* avec ces dernières, chacune d'elles se trouvant en face de l'intervalle compris entre deux sépales. Toutes les plantes dont le calice et la corolle sont ainsi disposés reçoivent le nom de *Crucifères*.

Les pièces de la corolle sont appelées *pétales*. Les pétales (fig. 201) sont bien plus grands que les sépales ; chacun d'eux se compose d'une sorte de pétiole grêle appelé *onglet* (*o*), qui se termine par un *limbe* (*l*) étalé.

33. Androcée. — L'androcée (fig. 202) comprend six pièces allongées et grêles qui portent le nom d'*étamines*. Chaque étamine se compose d'un *filet* légèrement verdâtre et se termine par un renflement à peine teinté de vert, l'*anthère*. Sur la face interne de l'anthère, on voit un sillon qui la divise en deux *loges*, et dans chaque loge une fente longitudinale par laquelle s'échappe une fine poussière.

Cette poussière est appelée *pollen* et joue un rôle essentiel dans la reproduction de la plante. Délayée dans une goutte d'eau sur une lamelle, et examinée au microscope à un faible grossissement,

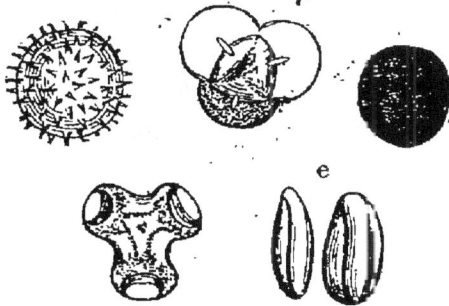

Fig. 203. — Grains de pollen de diverses fleurs.

elle se montre composée de petits grains ovoïdes ornés chacun, suivant leur longueur, d'un léger sillon (fig. 203, *e*).

Les étamines de la Giroflée se terminent à l'orifice de la corolle ; il y en a quatre grandes et deux petites, ce que l'on exprime en disant qu'elles sont *tétradynames*.

34. Gynécée. — Le *gynécée* ou *pistil* se compose, dans la Giroflée, (fig. 204), d'une colonne verte qui se termine par deux languettes recourbées. La colonne verte est appelée *ovaire* (*ov*), la partie rétrécie est le *style*

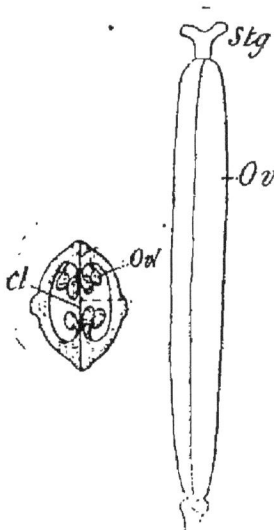

Fig. 204. — Pistil de Giroflée et sa coupe transversale grossie.

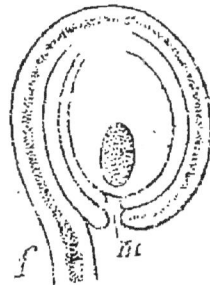

Fig. 205. — Coupe d'un ovule de Giroflée; très grossie.

et les deux languettes terminales forment le *stigmate* (*stg*).

L'*ovaire* constitue la plus grande partie du pistil ; c'est une colonne creuse, dans laquelle on aperçoit de nombreux petits corps verts appelés *ovules* (*ovl*) et une cloison

transversale médiane (*cl*). Ces ovules (fig. 205) sont les
éléments reproducteurs femelles; ils ont une forme ovalaire et se rattachent aux parois de
l'ovaire par une tigelle bien visible à
la loupe et appelée *funicule* (*f*); près
du funicule on voit, au microscope, à
la surface de l'ovule, un petit orifice
connu sous le nom de *micropyle* (*m*).

Le *style* n'est ordinairement pas
creux comme l'ovaire; il est un peu plus
étroit et beaucoup plus court. A sa
partie supérieure s'étalent les deux
languettes stigmatiques, sur lesquelles
on aperçoit à la loupe une infinité de
poils fins et très courts.

Fig. 206. - Figure théo-
rique de la fécondation.

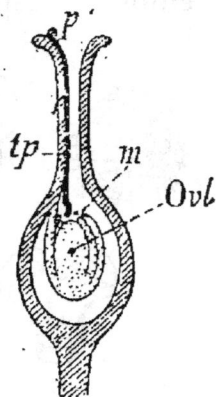

35. Fonctions de la fleur. — Ces poils sont imprégnés d'une humeur un peu visqueuse et retiennent les
grains de pollen issus des anthères.
Ceux-ci (fig. 206, *p*) germent à la surface du stigmate et y poussent un tube (*tp*)
qui traverse le style, descend dans la
cavité de l'ovaire et pénètre dans le micropyle (*m*). C'est alors que se produisent les phénomènes intimes de la *fécondation,* qui vont *permettre à l'ovule* (*ovl*)
de se transformer en graine.

36. Le fruit et la graine. — Après la
fécondation, sépales, pétales et étamines
se flétrissent ordinairement et tombent;
le style et le stigmate disparaissent ou
s'atténuent, l'ovaire persistant à peu
près seul au milieu de la fleur.

Fig. 207. — Fruit ou-
vert de Giroflée.

L'ovaire grandit, s'allonge, prend une
teinte d'un vert brunâtre et devient un *fruit,* les ovules éprou-
vent des modifications corrélatives; ils grossissent également, brunissent et passent à l'état de *graines.* Le fruit est
donc un ovaire arrivé à maturité, et la graine un ovule mûr.

Quand la maturation est complète, le *fruit* de la Giroflée s'ouvre (fig. 207) et se sépare en trois lames, fixées toutes trois à l'extrémité du pédicelle floral. Les deux lames extérieures (*v*) représentent les parois du fruit ; elles sont assez épaisses et ne portent pas de graines ; celles-ci viennent toutes s'attacher, par leur funicule, sur les bords (*pl*) de la lame intermédiaire, c'est-à-dire de la cloison médiane (*cl*) que nous avons signalée plus haut dans l'ovaire.

Tous les fruits qui s'entr'ouvrent pour laisser échapper leurs graines sont qualifiés de *déhiscents ;* tous les fruits déhiscents qui présentent une cloison médiane et deux valves, comme celui de la Giroflée, reçoivent le nom de *silique*.

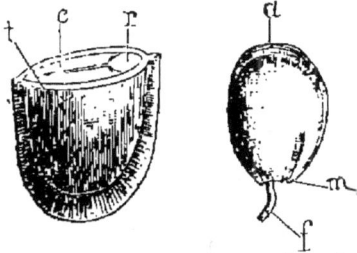

Fig. 208. — Graine de Giroflée entière et coupée en travers. Grossie.

37. La *graine* (fig. 208) de la Giroflée est ovalaire, aplatie, et présente sur le bord opposé au funicule (*f*) une expansion membraneuse (*a*) en forme d'aile, qui rend plus facile sa dissémination par le vent. Dans le *tégument* (*t*) brun qui recouvre la graine, on voit à la loupe, près du funicule, les traces du *micropyle* (*m*). Quand on enlève le tégument, on met à découvert, appliqués l'un contre l'autre, deux corps blanchâtres et huileux, connus sous le nom de *cotylédons* (*c*). Ces deux corps forment, avec le tégument, la graine presque tout entière ; ils sont réunis sur un de leurs bords par une sorte de petite colonnette (*r*), qui constitue avec eux *l'embryon* de la future plante.

Toutes les plantes munies de deux cotylédons, comme la Giroflée, sont rangées dans le groupe des *Dicotylédones*.

DÉVELOPPEMENT DE LA PLANTE

38. Conditions nécessaires à la germination. — Pour que les graines puissent *germer,* il faut qu'elles soient *bonnes,* c'est-à-dire bien conformées, et qu'elles soient en outre dans un *état convenable de maturité*. Les graines de Giroflée ont atteint cet état dès le moment de l'ouverture du fruit, et peuvent se conserver ainsi au moins pendant une année.

Les graines bonnes et bien mûres réclament, pour entrer en germination, de l'*air,* de la *chaleur* et un certain degré d'*humidité*. Elles n'ont pas un besoin immédiat de matières nutritives, parce qu'elles renferment en elles-mêmes, en quantité suffisante, les aliments nécessaires au développement de leur embryon. Dans la Giroflée, ces aliments sont mis en réserve, sous la forme de matière grasse, à l'intérieur des cotylédons.

39. Embryon de la graine (fig. 209).

— Mettons dans de la terre humide, à la température ordinaire des appartements, d'une part des graines de Giroflée, de l'autre des graines de Haricot.

Au bout d'un jour ou deux, ces graines se renflent un peu, se ramollissent, grâce à l'eau qu'elles ont absorbée, et, dès lors, se prê-

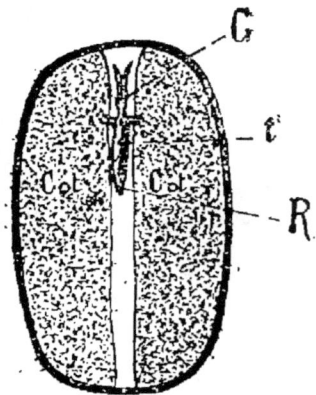

Fig. 209. — Coupe schématique de la graine du Haricot.

tent à l'étude beaucoup mieux que les graines sèches. Si, après avoir enlevé le tégument de quelques-unes de ces graines, on écarte avec un peu de soin leurs deux cotylédons (*Cot*), on voit sur le bord de ceux-ci, sous la forme d'une petite colonnette, le reste de l'embryon.

Examinée à la loupe, cette partie si réduite présente tous les éléments d'une plante en miniature : une *radicule* (R) en forme de cône, qui dirige sa pointe vers le micropyle ; une *tigelle* (*t*) cylindrique, comprise entre le radicule et le point d'attache des cotylédons ; enfin, entre ces derniers, une sorte de bourgeon terminal auquel on donne le nom de *gemmule* (G). A cause de leurs dimensions plus grandes, les graines de Haricot doivent être préférées, pour cette étude, à celles de la Giroflée

40. Germination (fig. 210). — Sous l'influence de la chaleur et de l'humidité, la *radicule* puise dans les cotylédons sa nourriture, s'allonge verticalement vers le bas (1), traverse le micropyle (2) et s'enfonce dans la terre; on y distingue bien vite deux parties essentielles : une coiffe terminale et une région supérieure couverte de longs poils (3).

Après la radicule s'allonge la *tigelle* (4); elle se recourbe

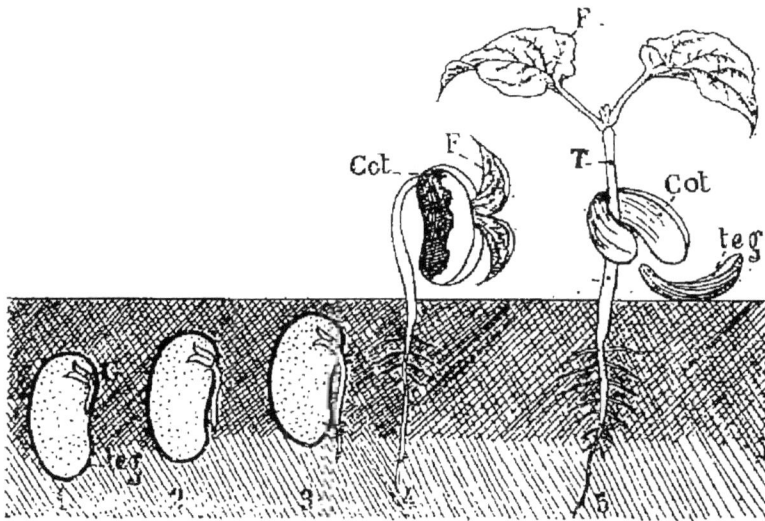

Fig. 210. — Phases successives de la germination du Haricot.

d'abord en forme d'anse, puis se dirige verticalement vers le haut, soulevant alors les cotylédons (*Cot*) et souvent même les faisant sortir du sol (4).

C'est maintenant aux *cotylédons* de se développer aux dépens des matériaux nutritifs que puise déjà dans le sol la petite racine; on les voit grandir, s'éloigner l'un de l'autre, rejeter le tégument (*teg*) qui les recouvrait et s'épanouir au sommet de la tigelle comme deux feuilles assez épaisses (5).

La *gemmule* entre en croissance après toutes les autres parties de l'embryon; elle est très petite et occupe une place réduite entre les deux cotylédons. Elle s'allonge d'abord lentement, puis beaucoup plus vite, et devient une petite tige (T) qui épanouit successivement ses feuilles (F) à partir des cotylédons.

À mesure que se développent les autres parties de la jeune plante, les cotylédons s'amincissent de plus en plus et finissent par se flétrir. Ils formaient les deux premières feuilles du végétal, et avaient pour rôle essentiel de subvenir aux premiers développements de l'embryon. Une fois ce rôle accompli, les cotylédons peuvent disparaître; l'embryon est devenu *plantule,* et cette plantule devra désormais puiser au dehors sa subsistance tout entière.

PLANTES ANNUELLES, BISANNUELLES ET VIVACES

41. Plantes à une seule floraison. — La plantule devient une jeune plante, et celle-ci une plante adulte capable de fleurir et de fructifier. La durée de ce développement n'est pas toujours la même : entre le Sarrasin qui fleurit quelques mois après les semailles, et le Sapin qui attend parfois un demi-siècle, on trouve tous les intermédiaires.

Beaucoup de plantes ne fleurissent qu'une seule fois durant leur existence et meurent ensuite rapidement; on les dit alors *annuelles* quand elles fleurissent et meurent l'année même des semailles, *bisannuelles* quand la floraison et la mort se produisent l'année suivante. Le Sarrasin, le Haricot et le Pois sont des plantes annuelles; le Radis et le Chou sont des plantes bisannuelles.

Les plantes à une seule floraison se font remarquer par le peu de consistance de leurs organes, surtout de leur tige, qui ressemble à de l'herbe, et qu'on qualifie, pour cette raison, d'*herbacée.* Quelques-unes pourtant, le Chou entre autres, deviennent dures dans les parties les plus anciennes de leur racine et de leur tige, et se rapprochent par conséquent des plantes *ligneuses.*

42. Plantes vivaces. — D'autres plantes ont une existence pour ainsi dire illimitée et peuvent fleurir et fructifier un grand nombre de fois; on les désigne sous le nom de *plantes vivaces*. Les arbres cultivés ou sauvages et beaucoup de plantes plus petites, la Pomme de terre et la Giroflée notamment, se rangent parmi les plantes vivaces.

Parmi ces plantes, les unes passent d'une année à l'autre sans perdre autre chose que leur fleur et parfois leurs feuilles; d'autres sacrifient à l'automne leurs parties aériennes tout entières, et les reconstituent l'année suivante aux dépens des autres parties restées dans le sol. Dans le premier groupe se rangent les arbres et toutes les plantes à tige franchement ligneuse; dans le second, les plantes vivaces herbacées, entre autres la Pomme de terre et la Violette.

Les *plantes ligneuses* présentent des formes et des dimensions très variées : quand elles se ramifient en buisson dès la sortie du sol, on les appelle des *arbrisseaux*; quand elles ont un tronc sur lequel s'épanouissent de nombreux rameaux, on les appelle, suivant leurs dimensions, des *arbustes* ou des *arbres*. Le Groseillier est un arbrisseau, le Lilas un arbuste, et le Chêne un arbre.

CHAPITRE XXIV

Étude détaillée de quelques espèces, au point de vue des caractères fournis par les différentes parties de la plante.

LE ROSIER SAUVAGE

43. Parties végétatives. — Le *Rosier sauvage* (fig. 211) ou *Églantier* est un arbrisseau très commun dans les haies, dans les taillis et dans les bois. Il fleurit à la fin du printemps et pendant l'été.

Ses racines sont pivotantes et munies de longues radicelles. Sa tige se ramifie ordinairement en buisson et présente des piquants très durs, qui sont de simples excroissances de l'écorce.

Ses feuilles sont isolées ; elles se composent de deux paires de folioles disposées suivant le mode penné, et d'une foliole terminale impaire, d'où le qualificatif de *composées imparipennées* qu'on leur attribue. Leurs folioles sont denticulées sur les bords et *penninervées*.

A la base du pétiole se voient deux stipules latéraux qui sont soudés au pétiole et qui tombent avec lui.

Fig. 211. — Rosier sauvage.

44. Fleurs. — Sur les pédicelles floraux, on observe des feuilles beaucoup plus petites que les autres et presque toujours simples ; ces feuilles pédicellaires modifiées portent, chez toutes les plantes où elles existent, le nom de *bractées*.

Chaque pédicelle (fig. 212) se termine par un réceptacle très dilaté et creusé en forme de bouteille. Sur les bords de ce réceptacle s'attachent, par une large base, cinq sépales (Ca) indépendants et frangés sur les bords, qui se réunissent au sommet en un faisceau, quand la fleur est encore en bouton.

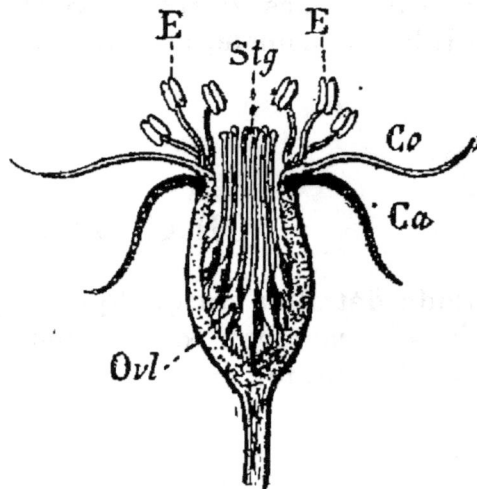

Fig. 212. — Coupe verticale médiane de la fleur du Rosier.

Il y a également cinq pétales (Co) parfaitement distincts ; ils alternent avec les pétales et s'attachent sur le bord du réceptacle par un onglet très court. Leur limbe est large, étalé, et présente une belle teinte blanche souvent nuancée de rose.

On trouve en dedans, insérées sur le bord de la bouteille réceptaculaire, un nombre considérable et *indéfini* d'étamines (E). Enfin, sur les parois de la même bouteille, s'implantent de nombreux ovaires (*ovl*), dont les styles, grêles et velus, viennent épanouir au dehors leur stigmate dilaté (*Stg*).

45. Fruits, graines. — A la maturité, étamines et pétales ont disparu ; les sépales sont rabattus et flétris, mais le réceptacle a pris un développement remarquable : ses parois se sont épaissies, il est devenu rouge et charnu et présente alors toutes les apparences d'un fruit.

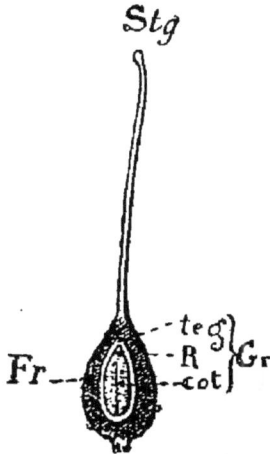

Fig. 213. — Fruit du Rosier, coupé en long et grossi.

Nous disons les apparences, car les vrais fruits sont situés à l'intérieur de cette bouteille charnue. Là, en effet, les ovaires se sont transformés en petits fruits secs (fig. 213), velus et indéhiscents, qui remplissent la cavité de la bouteille et qui présentent encore, sous la forme de filaments, les restes bien caractérisés du style.

On trouve dans chaque ovaire (Fr) une graine (Gr), et dans chaque graine une radicule (R), un tégument (*teg*) et un embryon dicotylédoné (*cot*), c'est-à-dire toutes les parties constitutives de la graine de la Giroflée jaune.

Les fruits du Rosier sont appelés *akènes*. Les akènes sont des fruits secs, indéhiscents et munis d'une seule graine qui n'adhère pas à leur paroi.

46. La Rose des jardins. — La *Rose des jardins* ressemble de tous points à la Rose sauvage ; seulement sa fleur a des pétales beaucoup plus nombreux.

Les pétales les plus internes de la Rose des jardins

sont beaucoup plus petits que ceux du dehors, et peu à peu ils finissent même par être absolument identiques aux étamines, d'ailleurs très peu nombreuses, de la fleur.

C'est qu'en effet, grâce à la culture, les étamines de la Rose se sont transformées en pétales. Cette transformation est parfois même poussée si loin que toutes les étamines disparaissent et que la plante devient complètement stérile. Ces fleurs qui sont caractérisées par la transforma-

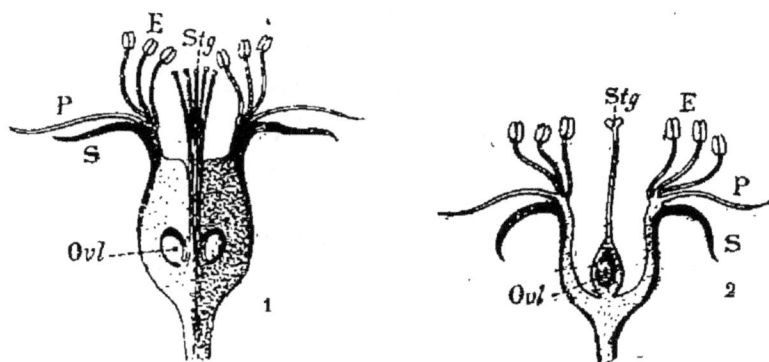

Fig. 214. — Coupes d'une fleur de Poirier (n° 1) et de Prunier (n° 2).

tion des étamines en pétales, reçoivent le nom de *fleurs doubles*.

47. Espèces voisines du Rosier. — Le Pommier, le Poirier, le Cerisier, le Prunier et le Pêcher diffèrent surtout du Rosier sauvage par leur pistil, qui ne comprend qu'un seul ovaire.

Dans le *Pommier* et dans le *Poirier* (fig. 214, n° 1), cet ovaire est logé à l'intérieur d'un réceptacle creux, aux parois duquel il se soude; il en résulte que calice, corolle et étamines sont insérés sur l'ovaire, disposition que l'on caractérise en disant que l'ovaire est *infère* ou, ce qui revient au même, qu'il est *adhérent* au réceptacle.

Dans le *Cerisier,* dans le *Prunier* (fig. 214, n° 2) et dans le *Pêcher,* l'ovaire n'est relié au réceptacle que par un pédicule étroit; on dit alors que l'ovaire est *libre*; on dit même qu'il est *supère,* bien que les autres parties de la fleur s'insèrent au-dessus de lui, sur les bords de la coupe réceptaculaire.

LA CAROTTE

48. **Fleurs.** — Dans les plantes que nous venons d'étudier, les pédicelles floraux naissent tous *à des hauteurs différentes* sur un pédicelle central, mais les fleurs portées par les divers pédicelles viennent se disposer toutes à peu près sur un même niveau. Ce mode d'inflorescence a reçu le nom de *corymbe* (fig. 215, n° 1).

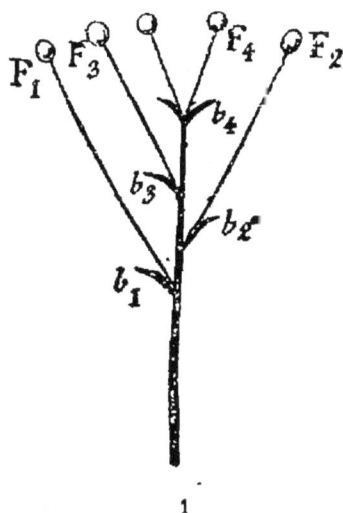

49. Dans la *Carotte,* les fleurs se disposent en bouquets comme celles des plantes précédentes, mais les pédicelles floraux d'un même groupe de fleurs naissent tous *en un même point* de la

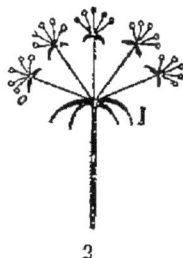

Fig. 215. — Schémas d'inflorescences.
F, fleurs ; b, bractées.

tige, puis, arrivés à la même hauteur, ils se divisent en pédicelles secondaires qui se disposent de même et qui se terminent par des fleurs. Tous les groupes de fleurs dont les pédicelles naissent en un même point pour se terminer à la même hauteur, sont désignés sous le nom d'*ombelles.* Dans la Carotte (fig. 215, n° 2), les ombelles sont dites *composées,* parce que les ombelles du premier degré se terminent par de petites ombelles. A la base des grandes ombelles on distingue d'ailleurs, dans la Carotte, un cercle de bractées qui constituent un *involucre* (I), et à la base des petites d'autres bractées qui constituent un *involucelle* (o).

50. Le pédicelle floral (fig. 216, n° 1, *p*) des Carottes se termine par un ovaire (o) surmonté d'un style (*st*) à deux branches. Cet ovaire est infère et porte sur sa face supé-

rieure cinq étamines (*e*), cinq petits pétales (*l*) à onglet très
court et cinq sépales réduits à des dents à peine saillantes.

Les pétales sont libres et se réfléchissent en dedans;

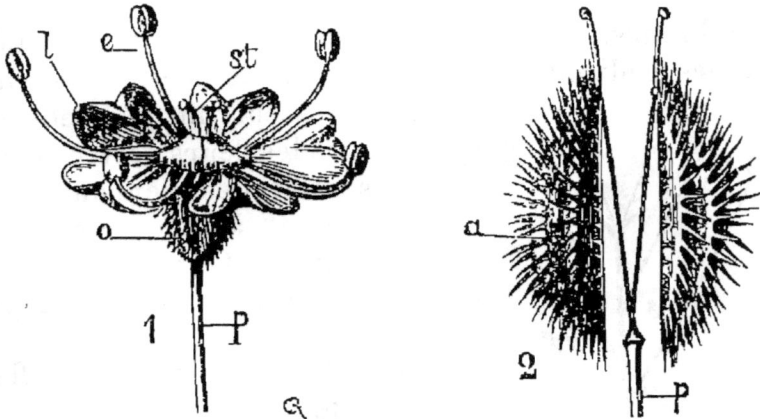

Fig. 216. — Fleur et fruit de Carotte, grossis.

dans certaines fleurs, ils sont tous égaux; dans d'autres,
au contraire, ils ne le sont pas. Les corolles à pétales
égaux et symétriquement placés sont dites *régu-*
lières, les autres sont appelées *irrégulières.*
Toutes les fleurs des plantes étudiées jusqu'ici :
Giroflée, Rose, Pommier, etc., ont une corolle
régulière.

51. Fruits (fig. 216, n° 2). — L'ovaire de la
Carotte est divisé en deux loges séparées par
une cloison, et dans chaque cloison est logé un
ovule. A la maturité, la cloison se fend par le
milieu et le fruit se trouve séparé en deux akènes (*a*), qui se rattachent l'un à l'autre par un
mince filet, à l'extrémité du pédicelle (*p*). Les
graines diffèrent un peu de celles que nous avons
étudiées jusqu'ici, car leurs cotylédons sont très
petits et paraissent perdus au milieu d'une matière dure et cornée qui est très abondante, et à
laquelle on a donné le nom d'*albumen.* C'est dans l'albumen
que l'embryon de la Carotte puise les matières nutritives
que celui d'autres plantes trouve dans les cotylédons.

Fig. 217.
Racine de
Carotte,
réduite.

52. Parties végétatives. — La racine de la Carotte
(fig. 217) est un gros et long pivot muni de courtes et fines
radicelles. La tige de la plante est *fistuleuse,* c'est-à-dire
creusée d'une cavité qui s'interrompt aux nœuds ; elle est
herbacée, odorante et ornée de côtes longitudinales.

Les feuilles sont isolées et se composent de folioles
disposées suivant le mode penné ; ces folioles se divisent
elles-mêmes en folioles secondaires disposées suivant le
même mode, et ces dernières sont à leur tour séquées ou
partites. De telles feuilles peuvent être appelées *bipenna-
tipartites* ; leur pétiole s'elargit en gaine à sa base.

CHAPITRE XXV

**Étude détaillée de quelques espèces, au point de vue
des caractères fournis par les différentes parties de
la plante (suite).**

LE POIS

53. Parties végétatives. — Les racines du *Pois* sont
pivotantes comme celles de la Carotte ; mais leur pivot
est beaucoup plus grêle, et les radicelles qu'il émet sont
toujours très allongées.

La tige est herbacée, grêle et incapable de se soutenir
elle-même ; elle grimpe et s'attache, à l'aide de ses feuilles, à tous les supports qu'elle rencontre.

Les feuilles (fig. 218) sont isolées et composées pen-
nées ; l'extrémité de leur pétiole, ainsi que leurs folioles
les plus éloignées de la tige, s'allongent, deviennent fila-
menteuses, et s'enroulent en tire-bouchon autour des corps
grêles. Ces filaments sont connus sous le nom de *vrilles.*

Le pétiole des feuilles de Pois est dépourvu de gaine,

mais il est accompagné à sa base par deux larges stipules opposées l'une à l'autre.

54. Fleurs. — Le calice (fig. 219, *c*) du Pois se compose de cinq sépales un peu irréguliers.

La corolle comprend cinq pétales indépendants, de longueur et de forme très inégales. Le pétale supérieur est de beaucoup le plus grand, il porte le nom d'*étendard* (*ed*) ; à droite et à gauche se voient deux pétales plus petits qui forment les *ailes* (*a*) de la corolle ; enfin, au-dessous de ceux-ci, les deux autres pétales se réunissent et constituent ce qu'on appelle la *carène* (*ca*). Les corolles irré-

Fig. 218. — Feuille du Pois.

gulières ainsi faites ressemblent un peu à un papillon, et sont appelées pour cette raison *papilionacées*. Le Haricot,

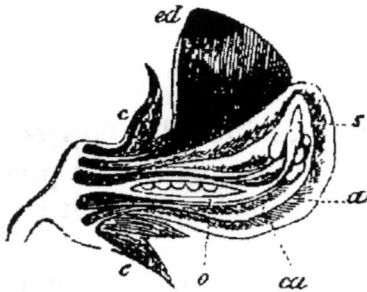

Fig. 219. — Fleur du Pois coupée en long.

la Fève, la Luzerne, etc., ont, comme le Pois, une corolle papilionacée.

Les étamines (fig. 219, *c*, et fig. 220) sont au nombre de dix ; les neuf inférieures se soudent par leurs filets en un seul faisceau, tandis que la supérieure reste libre.

Fig. 220. Étamines du Pois.

Les étamines ainsi divisées en deux groupes sont dites *diadelphes ;* dans une plante très voisine du Pois, le Genêt, les dix étamines se soudent en un seul faisceau et sont dites alors *monadelphes*.

L'ovaire (fig. 219, *o*) est supère et allongé ; il se termine par un style assez court, à l'extrémité duquel s'épanouit le stigmate (*s*).

55. Fruit et graine. — Le fruit du Pois (fig. 221) ne comprend pas plusieurs loges comme celui de la Carotte ; il est, comme on dit, *uniloculaire*. Quand sa maturation est complète, il devient jaune et sec, puis s'ouvre suivant deux valves qui restent attachées au pédicelle.

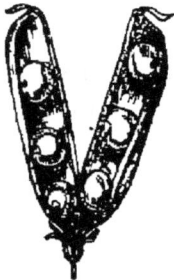

Ce fruit est indifféremment appelé *gousse* ou *légume* ; il porte sur le bord inférieur de ses valves un certain nombre de graines arrondies, tout à fait semblables, par leur structure, à celles du Haricot.

Fig. 221.
Gousse du Pois.

Le Pois est cultivé dans les jardins pour ses graines ; c'est une plante annuelle qui fleurit à la fin du printemps et dans le cours de l'été.

LE MUFLIER OU GUEULE-DE-LOUP

56. Fleurs. — Le *Muflier* pousse à l'état sauvage sur les vieux murs, mais on le cultive aussi dans les jardins ; ses belles fleurs (fig. 222), d'un rouge pourpre, s'épanouissent dans le courant de l'été.

La corolle (fig. 223, n° 1, *c*) du Muflier se compose de cinq pétales ; mais ceux-ci ne sont plus libres et indépendants les uns des autres comme dans les plantes que nous avons déjà étudiées ; ils se soudent au contraire sur presque toute leur longueur et forment un tube à l'intérieur duquel sont logées les étamines (*e*, *e'*) et le

Fig. 222. — Fleur de Muflier ; gr. nat.

pistil (*o*). On donne le nom de *gamopétales* aux corolles de toutes les fleurs dont les pétales sont ainsi soudés, et l'on réserve celui de *dialypétales* pour les corolles à pétales complètement séparés. La Giroflée, par exemple, a une corolle dialypétale.

La corolle du Muflier (fig. 222) est très irrégulière ; elle se divise en deux lèvres : l'une, supérieure, formée par deux pétales de grande dimension; l'autre, inférieure, par trois pétales plus petits. Les deux lèvres sont appliquées l'une contre l'autre et figurent assez bien un mufle d'animal; quand on presse latéralement le tube de la corolle, les lèvres se séparent comme si le mufle ouvrait sa gueule; de là les noms de *Muflier* et de *Gueule-de-Loup* qu'on donne communément à la plante.

Le calice est formé de cinq pièces séparées, et s'appelle, pour cette raison, *dialysépale*. Les étamines sont insérées à la base du tube de la corolle et sont entraînées quand on arrache cette dernière: il y en a quatre, deux grandes (fig. 223, n° 1, *e*) et deux plus petites (*e'*). Comme on appelle *tétradynames* les six étamines

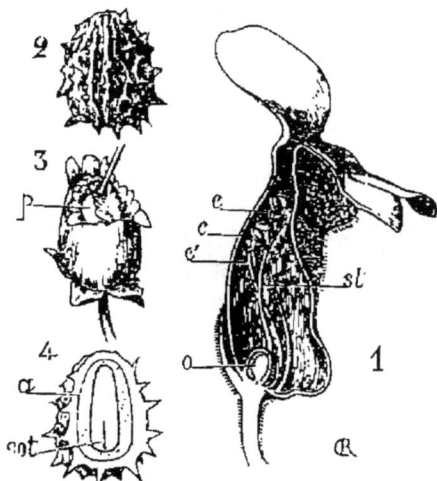

Fig. 223. — Fleur coupée verticalement (1), fruit (2), graine (3) et graine coupée verticalement (4) du Muflier.

inégales (4 grandes et 2 petites) de la Giroflée, on donne à celles du Muflier le nom de *didynames*.

L'ovaire (*o*) est supère, biloculaire, et se termine par un style (*st*) allongé.

57. Fruit et graine. — Le fruit du Muflier est sec et s'ouvre au sommet par des pores (n° 3, *p*) à bords déchirés. Si l'on donne le nom de *capsule* à tous les fruits secs et déhiscents, on dira du fruit du Muflier que c'est une *capsule poricide*. Les gousses du Pois sont aussi des capsules; mais, à cause de leur forme toute spéciale, on leur a donné un nom particulier.

58. On appelle *placenta,* dans un fruit, la région, ordinairement saillante et parcourue par des nervures, sur laquelle viennent s'attacher les funicules des graines. Dans la gousse, on dit que la *placentation* est *pariétale,* parce

que les graines se fixent toutes sur les parois du fruit.
Dans le Muflier, au contraire, le placenta occupe l'axe de
la cloison qui divise le fruit en deux loges ; aussi dit-on
que les graines de cette plante ont une *placentation axile.*

Les graines (n° 2) de la Gueule-de-Loup sont couvertes
d'aspérités; elles renferment un gros albumen (n° 4, *a*)
comme celles de la Carotte.

59. **Parties végétatives.** — Les feuilles du Muflier sont
assez épaisses, peu larges, et s'arrondissent à leur extrémité. La tige de la plante périt chaque année, mais ses
longues racines persistent d'une année à l'autre dans le sol.

LE GRAND SOLEIL

60. **Parties végétatives.** — Le *grand Soleil* est une
plante annuelle, comme le Pois, mais sa taille est beaucoup plus grande. C'est
une plante d'ornement,
fort recherchée pour les
massifs, où elle élève
parfois jusqu'à 3 mètres,
sans aucun support, sa
tige droite et ramifiée
au sommet.

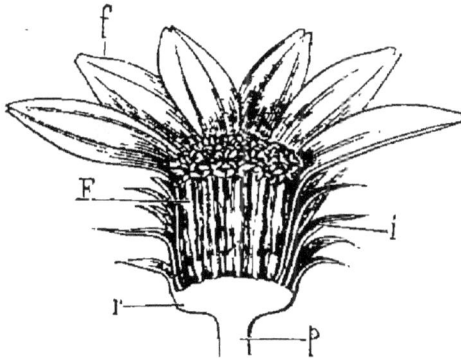

Fig. 224. — Coupe verticale médiane
d'un capitule de Soleil.

Les feuilles du Soleil
sont grandes et d'un
beau vert ; leur limbe
est ovale, grossière-
ment denté sur les bords, et présente une nervation pennée; c'est à peine si leur pétiole s'élargit un peu à sa
base.

61. **Fleurs et fruit.** — A l'époque de la floraison, c'est-
à-dire dans le courant de l'été, on voit s'épanouir à l'extrémité de la tige du Soleil de grands disques jaunes
(fig. 224) à centre brun, que beaucoup de personnes con-
sidèrent comme les fleurs de la plante.

En réalité, la partie brune du disque se compose de
nombreuses fleurs régulières (F) disposées côte à côte,

et la partie jaune, d'une rangée circulaire de fleurs (f) dont les corolles irrégulières émettent vers l'extérieur des languettes jaunes et allongées.

Ainsi, la prétendue fleur du Soleil n'est rien autre chose qu'un groupement de fleurs, une inflorescence. Cette inflorescence est dite en *capitule,* parce que les fleurs sont groupées en tête sur le large réceptacle (r) du pédicelle capitulaire (p); et on donne le nom d'*involucre* (i) à l'ensemble des bractées réunies, sur les bords du réceptacle, autour de chaque capitule.

62. Les fleurs régulières (fig. 225, n° 1) du capitule sont appelées *fleurons ;* elles comprennent : 1° un ovaire infère (o) muni d'un long style (st) qui se divise vers le haut en deux branches (s) stigmatiques ; 2° une corolle tubuleuse (c)

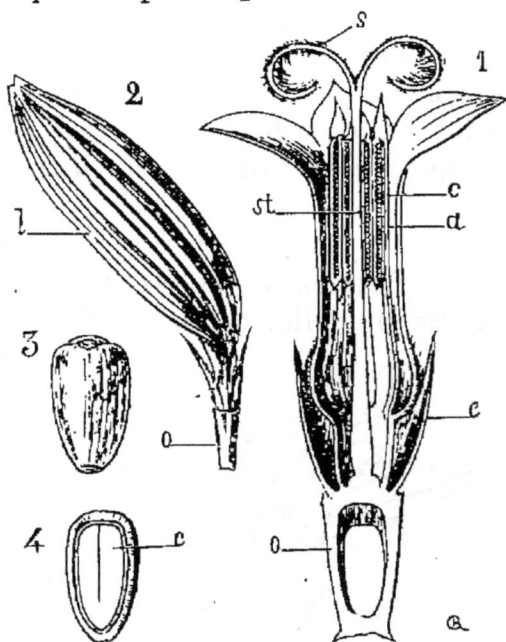

Fig. 225. — Fleuron (1), demi-fleuron (2), graine entière (3) et coupée longitudinalement (4), du grand Soleil.

formée par cinq pétales soudés sur presque toute leur longueur ; 3° enfin cinq étamines insérées sur la corolle et soudées par leurs anthères (a) autour du style. Le calice est représenté par un léger bourrelet à la partie supérieure de l'ovaire, et par quelques écailles (e) issues de ce bourrelet.

Les fleurs périphériques (n° 2) du disque sont appelées *demi-fleurons ;* elles se distinguent des précédentes, non seulement par la languette jaune (l) de leur corolle irrégulière, mais aussi par la disparition complète de leurs organes reproducteurs ; il y a bien un ovaire (o), mais on ne trouve pas trace d'ovule à son intérieur. On ex-

10.

prime cette curieuse différence en disant que les demi-
fleurons sont *stériles* et que les fleurons sont *fertiles*.
Dans la Carotte, on trouve aussi des fleurs stériles et des
fleurs fertiles.

63. Toutes les plantes dont les fleurs se groupent en
capitule, comme celles du grand Soleil, sont désignées
sous le nom de *Composées;* on les appelle également *Sy-
nanthérées,* à cause de la soudure de leurs anthères. La
Reine-Marguerite, la Pâquerette, le Bluet, le Chardon, et
bien d'autres plantes très vulgaires, se rangent parmi les
Composées.

Le fruit (n° 3) du grand Soleil est un akène. Sa graine
est dépourvue d'albumen, mais renferme deux gros cotylédons huileux (n° 4, *c*).

CHAPITRE XXVI

**Étude détaillée de quelques espèces, au point de vue
des caractères fournis par les différentes parties
de la plante** (fin).

LA JACINTHE DES JARDINS

64. **Fleur et fruit.** — La *Jacinthe des jardins* est beaucoup plus précoce que celle des bois; en pleine terre,
elle fleurit au premier printemps, et vers la fin de l'hiver quand on la cultive dans les appartements ou en
serre.

Ses jolies fleurs, très agréablement odorantes, se réunissent en grappe (fig. 226) à l'extrémité d'un pédoncule
long et nu, appelé *hampe*. Les pédicelles floraux sont assez courts et naissent à l'aisselle de très petites bractées.

Les enveloppes florales (fig. 227, n° 1) se composent de

six pièces soudées sur la moitié de leur longueur, et
forment une cloche découpée en six languettes (*l*) sur les bords ; il est impossible
de distinguer, dans cette enveloppe, les sépales des pétales ; mais, comme elle revêt
les couleurs vives propres à ces derniers,
on la caractérise en disant qu'elle est *péta-
loïde*.

Les étamines (*e*) sont au nombre de
six et insérées sur le tube de l'enveloppe
florale. L'ovaire (*o*) est supère et divisé
en trois loges pluriovulées ; le style (*st*)
se dilate au sommet en stigmate (*s*).

Le fruit (n° 2) est une capsule triloculaire
à placentation axile (n° 3) ; la déhiscence
est *loculicide*, c'est-à-dire qu'elle s'effectue

Fig. 226. — Sommité
fleurie de Jacinthe,
un peu réduite.

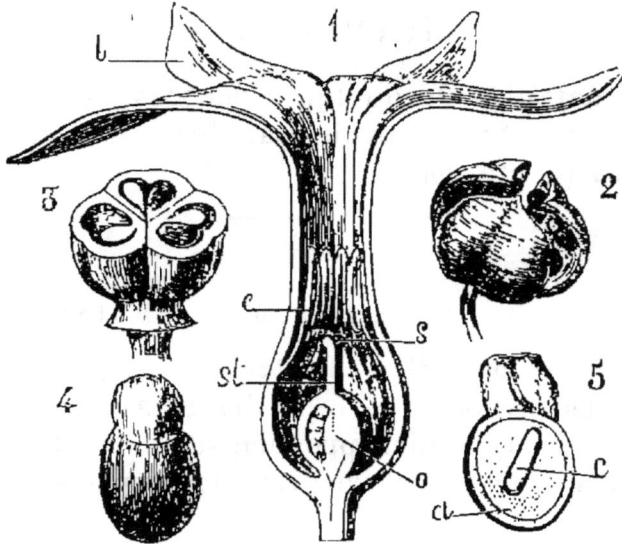

par une fente longitudinale dans la paroi externe de chaque

Fig. 227. — Fleur (1), fruit (2), fruit coupé transversalement (3), graine (4)
et graine coupée verticalement (5) de Jacinthe.

loge. Les graines (n° 4) renferment un très gros albumen
(n° 5, *a*), comme celles du Muflier, mais leur embryon n'a

qu'*un seul cotylédon* (*c*). C'est ce que l'on exprime en disant que la Jacinthe est une plante *monocotylédone*.

65. Appareil végétatif. — La hampe de la Jacinthe n'est qu'un long rameau floral, mais ce n'est pas une tige ; quand on la suit dans le sol, on voit qu'elle traverse, dans son milieu, une sorte de *bulbe* ou d'*oignon* (fig. 228), puis qu'elle s'implante dans un plateau à la base de ce bulbe.

C'est ce plateau qui représente la tige de la plante ; il émet en effet, par sa face inférieure, un faisceau de racines blanches, et vers le haut un groupe serré de feuilles.

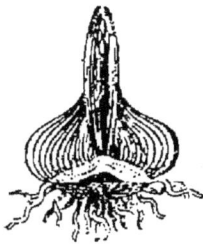

Les feuilles les plus extérieures sont épaisses, courtes, démesurément larges, et se recouvrent mutuellement comme des tuniques ; elles constituent la plus forte partie du bulbe ; les feuilles internes, au contraire, s'allongent et s'amincissent de plus en plus, et finalement viennent s'épanouir au dehors à la base de la hampe.

Fig. 228. — Coupe verticale médiane d'un bulbe de Jacinthe, réduit de moitié.

66. Les feuilles aériennes de la Jacinthe sont dites *linéaires,* à cause de leur grand allongement et de leur faible largeur ; elles sont rectinerves et présentent de nombreux stomates *sur leurs deux faces.* On peut aisément observer ces stomates en examinant, à la loupe ou au microscope, un lambeau de la pellicule superficielle de l'organe.

La Jacinthe est une plante vivace. Chaque année elle forme un nouveau bulbe, qui développera des feuilles et une hampe florifère au printemps de l'année suivante.

LE BLÉ

67. Fleurs. — La floraison du *Blé* s'effectue dans le courant de l'été ; à cette époque, l'extrémité de la tige s'allonge rapidement, traverse son enveloppe de feuilles et présente à l'action directe de l'air et du soleil l'épi qui le termine. Au bout de quelques jours, on voit poindre au dehors de l'épi les styles plumeux des fleurs ; on voit s'agiter au vent leurs étamines longues et pendantes (fig. 229), puis la floraison cesse, l'épi jaunit peu à peu, et l'on marche à grands pas vers la maturation.

L'épi du Blé (fig. 229) est une grappe longue à pédicelles extrêmement courts ; son axe est formé par l'extrémité de la tige, et sur cet axe viennent s'insérer presque directement, non pas des fleurs, mais des groupes de fleurs appelés *épillets*.

68. Au centre de chaque épillet (fig. 230, n° 2) se trouve un axe sur lequel se fixent des fleurs à différents niveaux ; les fleurs inférieures de l'épillet donneront seules un grain ; les autres sont stériles.

Quand ils sont jeunes, les épillets sont complètement enveloppés par deux bractées vertes appelées *glumes* (G), qui s'écartent plus tard pour permettre aux fleurs (1, 2, 3, 4) de s'épanouir.

69. Les glumes enlevées, on aperçoit les différentes fleurs de l'épillet, et l'on peut aisément les séparer les unes des autres. Chaque fleur fertile (fig. 230, n° 1) est entourée par deux bractées appelées *glumelles* (g), qui tiennent lieu de calice. En dedans des glumelles on voit s'insérer (fig. 231), à la base de l'ovaire,

Fig. 229. — Épi de blé barbu en fleur.

deux petites écailles appelées *glumellules* (sq), puis trois étamines caractérisées par leur filet très long et par leurs anthères (c) croisées en X. Les sépales et les pétales font par conséquent défaut. L'ovaire occupe le centre de la fleur ; il est supère, uniloculaire, et

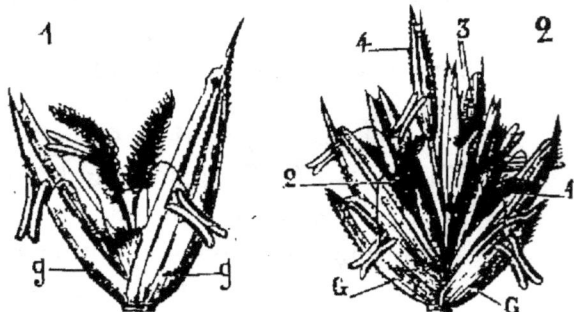

Fig. 230. — Épillet et une de ses fleurs.

se termine par deux styles dont les stigmates (*st*) sont longs et plumeux.

70. Fruit. — L'ovaire du Blé (fig. 232) ne renferme qu'un ovule et se soude si bien avec lui qu'il est impossible de séparer l'un de l'autre; à la maturité, la même adhérence persiste, de sorte que, dans le grain du Blé, les parois du fruit (*pr*) ne peuvent se séparer du tégument de la graine. A ce point de vue, le grain du Blé diffère complètement de l'akène; aussi le range-t-on dans un groupe spécial de fruits, auxquels on donne le nom de *caryopse*.

Les grains du Blé (fig. 232) n'ont qu'un cotylédon (*c*), comme ceux de la Jacinthe; ils sont constitués en grande partie par un albumen (*a*) très riche en matières amylacées. Quand le grain germe, le cotylédon digère lentement ces matières amylacées et les transforme en un sucre qui va nourrir la jeune plante.

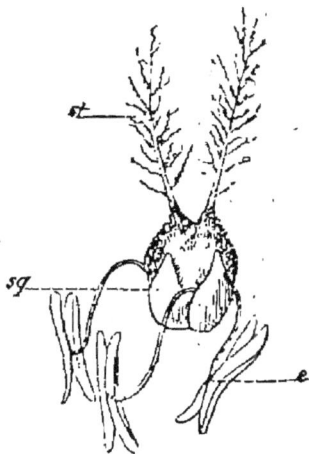

Fig. 231. — Fleur de Blé privée de ses glumelles.

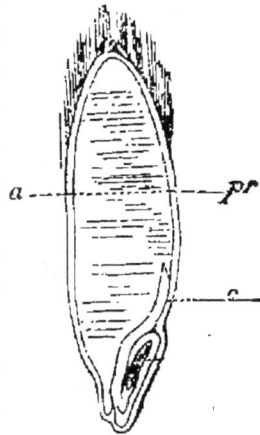

Fig. 232. — Coupe verticale médiane d'un grain de Blé.

71. Appareil végétatif. — Le Blé envoie dans le sol un faisceau de longues radicelles (fig. 179). Sa tige porte le nom de *chaume*; elle est fistuleuse, dure, rigide et, au point d'insertion des feuilles, présente des nœuds durs et dépourvus de perforation.

Nous avons vu précédemment que les feuilles du Blé (fig. 187) sont isolées, linéaires et rectinerves, qu'elles sont dépourvues de pétiole, mais munies d'une large gaine. A l'endroit où le limbe se rattache à la gaine, il porte une petite collerette saillante appelée *ligule* (fig. 187, *l*).

Le Blé se range parmi les plantes annuelles, à côté de

l'Orge, de l'Avoine, du Maïs et de beaucoup de plantes des champs qui sont rangées, comme lui, dans la famille des *Graminées*.

LE PIN

72. Appareil végétatif (fig. 233). — Le *Pin* est un arbre robuste et de belle allure : il étale presque horizontale- ment dans le sol, à une faible profondeur, son faisceau de fortes racines, et il élève dans l'air sa haute tige droite sur laquelle s'insèrent, de manière à former un cône énorme, des rameaux de plus en plus courts.

On le range dans la caté- gorie des *arbres verts*, parce que ses feuilles (fig. 234, n° 1, P), grêles et rigides, ne tombent pas toutes en même temps comme celles des autres végétaux et con- servent à la plante, même pendant l'hiver, une agréa- ble verdure.

73. Fleurs. — Au prin- temps se développent sur les rameaux du Pin des fleurs de deux sortes, les unes mâles (fig. 234), les autres femelles (fig. 235 à 237).

Fig. 233. — Pin, 15 mètres.

Ces fleurs sont dépourvues de calice et de corolle, comme celles du Blé, et sont, comme elles, dites *asépales* et *apétales*.

74. Les fleurs mâles (fig. 234) sont groupées en petits cô- nes (n° 2), protégés par des bractées (*br*); les cônes se com- posent de très nombreuses étamines (E) et se groupent sous forme d'épis (n° 1), côte à côte sur un même axe. Le filet des étamines (n° 2, E) est très court; leur anthère est large, aplatie et porte sur sa face inférieure deux sacs à pollen (*Sp*) qui s'ouvrent l'un et l'autre par une fente longitudinale.

75. Les fleurs femelles sont réunies en gros épis appelés *cônes* (fig. 235), d'où le nom de *Conifères* qu'on a donné au Pin et à tous les arbres qui, comme lui, produisent des cônes.

Quand les cônes sont jeunes, on voit aisément que leur axe porte un grand nombre de bractées verdâtres (fig. 234 *bis*, n° 3, *b*) et qu'à l'aisselle de ces bractées, c'est-à-dire

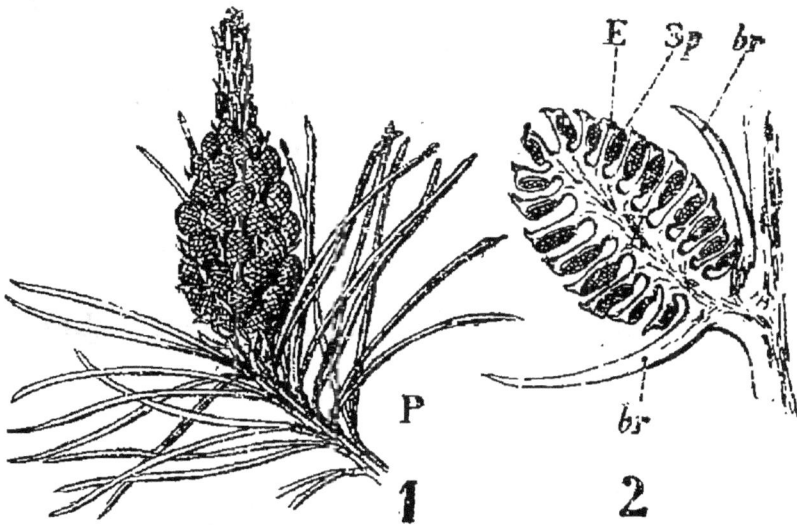

Fig. 234. — Inflorescence mâle du Pin.
1, épi de cônes mâles ; 2, cône mâle coupé longitudinalement (grossi).

entre la bractée (*b*) et l'axe (A), s'insère une lamelle renflée (C) sur laquelle sont fixés deux ovules (*Ovl*). La lamelle représente les parois ovariennes des autres plantes ; mais, tandis que chez ces dernières les parois de l'ovaire forment autour des ovules une cavité close, elles restent ici étalées et ouvertes, laissant à nu les ovules (*Ovl*) qu'elles ont formés. De là le nom d'*Angiospermes* qu'on donne aux plantes à ovaires clos, et celui de *Gymnospermes* qu'on attribue à celles dont les ovules sont à nu sous des parois ovariennes étalées.

76. **Fruit.** —En mûrissant, les lamelles ovariennes s'épaississent à leur extrémité ; elles s'allongent, grossissent et dépassent de beaucoup les bractées (fig. 234 *bis*). Plus

tard elles se dessèchent, s'écartent les unes des autres et mettent en liberté leurs graines; le cône garde ensuite sa forme, mais il a perdu ses corps reproducteurs, et n'est plus bon qu'à faire du feu.

Séparées de la lamelle ovarienne (fig. 236, Ec) les graines du Pin (gr) se montrent terminées par une grande aile (Ale), qui favorise leur dissémination par le vent; elles se composent

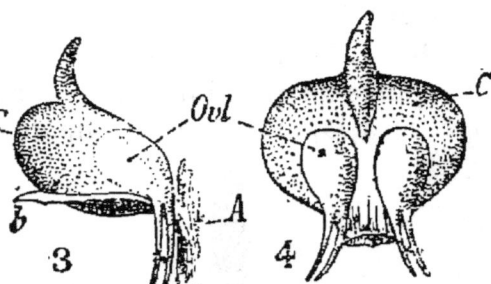

Fig. 234 *bis*. — Une fleur femelle séparée d'un cône jeune.

3, vue de côté; 4, vue de face.

d'un gros albumen charnu, et d'un embryon muni de *nombreux cotylédons*.

77. Fleurs hermaphrodites et unisexuées. — Les fleurs

Fig. 235. — Cône mûr, réduit de moitié.

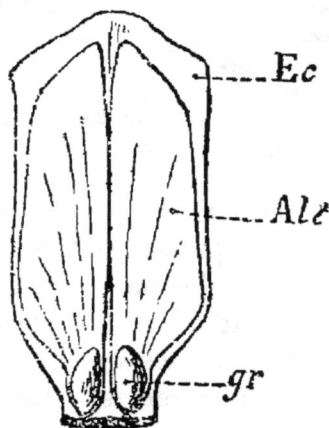

Fig. 236. — Fruit mûr, avant la séparation des deux graines.

du Pin sont les unes mâles, les autres femelles; elles n'ont, en d'autres termes, qu'un seul sexe, et sont dites, pour cette raison, *unisexuées*. Le Coudrier, le Chêne, le Saule et le Chanvre sont aussi des plantes à fleurs unisexuées.

A l'inverse des précédentes, les fleurs *hermaphrodites* sont pourvues à la fois d'étamines et de pistil. Toutes les plantes que nous avons étudiées jusqu'ici, à l'exception du Pin, ont des fleurs de cette sorte.

Quand les fleurs sont unisexuées, tantôt les deux sexes sont réunis sur la même plante, tantôt ils sont séparés sur des individus différents; la plante est *monoïque* dans le premier cas, elle est *dioïque* dans le second.

Fig. 237. — Floraison du Chêne.
1, chatons mâles pendants et fleurs femelles, réd. de moitié ; 2, fleur mâle grossie ; 3, fleur femelle grossie.

78. Le *Coudrier,* le *Chêne* (fig. 237) et le *Maïs* sont, comme le Pin, des plantes *monoïques*. Les fleurs mâles du Coudrier et du Chêne sont réunies en grappes étroites et pendantes, appelées *chatons*.

79. Le *Saule* et le *Chanvre* sont des plantes *dioïques*. Dans la campagne, on désigne à tort les pieds mâles du Chanvre sous le nom de chanvre femelle, et les pieds femelles sous le nom de chanvre mâle.

CHAPITRE XXVII

Quelques notions sur les plantes dites cryptogames : Fougères, Prêles, Mousses, Champignons. — Faire voir comment on a pu répartir les plantes de la même manière que les animaux et arriver à une classification.

QUELQUES NOTIONS SUR LES PLANTES DITES CRYPTOGAMES

80. Fougères. — Parmi les Fougères de nos pays, l'une des plus belles et des plus grandes est celle qu'on désigne vulgairement sous le nom de *Fougère mâle* (fig. 238); elle est très commune et développe ses belles touffes de feuilles sur le bord des fossés ombragés et dans les bois.

Sa tige (*r*) rampe à l'intérieur du sol et reçoit pour cette raison le nom de *rhizôme;* elle émet chemin faisant de nombreuses racines et donne naissance, à l'une de ses extrémités, à une grosse touffe de feuilles (F).

81. Les feuilles des Fougères sont enroulées en crosse (*f*) quand elles sont jeunes ; elles se composent de folioles (fig. 239, n° 1) pennipartites disposées suivant le mode penné. Sous les folioles, quand le moment de la reproduction arrive, on

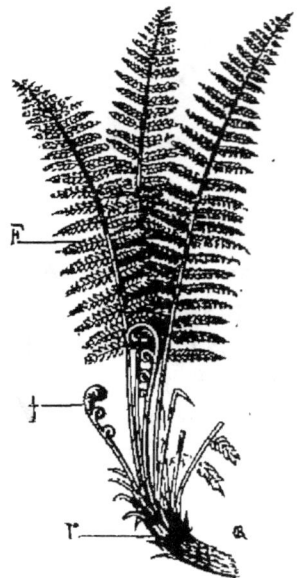

Fig. 238.
Touffe de Fougère mâle.

voit deux rangées de saillies brunes appelées *sores* (n° 2). Chaque sore est recouvert par une lame brune appelée *indusie;* quand on soulève l'indusie, on met à découvert un groupe serré de petits sacs ovoïdes (n° 3) portés sur de courts pédicelles. Ces sacs sont des *sporanges* : ils renferment un grand nombre de petits corps bruns, allongés et ovalaires, qu'on désigne sous le nom de *spores* (n° 3, *sp*).

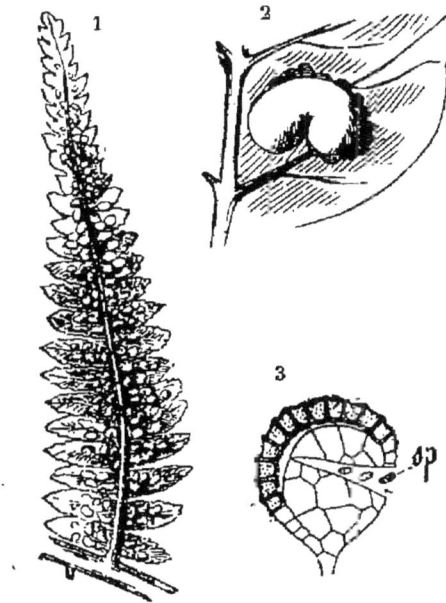

Fig. 239.
Appareil sporifère de la Fougère mâle.
1, foliole avec des sores, vue par la face inférieure, gr. nat.; 2, sore grossi, sous un des segments de la foliole; 3, sporange ouvert et laissant échapper ses spores, très grossi.

82. Mises à germer sur un sol convenablement humide et chaud, les spores donnent bientôt naissance à une lame verte échancrée en cœur, et longue au plus d'un centimètre.

Examinée au microscope par sa face inférieure, cette lame (fig. 240) se montre munie d'un grand nombre de poils (*p*) absorbants; elle présente en outre de petites saillies, les unes ovoïdes (*ar*) et peu nombreuses, situées au voisinage de l'échancrure, les autres (*an*) petites et arrondies, un peu plus en arrière. Les saillies ovoïdes antérieures renferment l'organe femelle et sont appelées *archégones*; les saillies arrondies et plus petites donnent naissance aux corps reproducteurs mâles et se nomment pour cette raison *anthéridies;* quant à la lame elle-même, on lui donne le nom de *prothalle*.

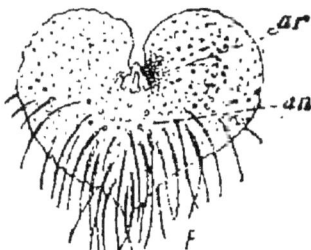

Fig. 240.
Prothalle grossi.

Les corps reproducteurs mâles des Fougères sont mobiles, enroulés en tire-bouchon, et se meuvent dans la terre humide à l'aide de cils mobiles ; c'est ainsi qu'ils vont féconder, dans l'archégone, le corps reproducteur femelle.

Après la fécondation, le corps femelle se développe en embryon, aux dépens du prothalle, puis en jeune plante, et finalement donne une Fougère mâle adulte.

83. Comme nous venons de le voir, la Fougère mâle est munie d'organes reproducteurs bien caractérisés, mais ces organes ne forment jamais de fleurs ; ils sont, pour ainsi dire, cachés ; c'est pourquoi on donne à la Fougère, ainsi qu'à toutes les plantes dépourvues de fleurs, le nom de *Cryptogames*. On appelle, par contre, *Phanérogames* toutes les plantes dont les fleurs sont plus ou moins développées.

84. **Prêles** (fig. 241). — Les Prêles recherchent les lieux humides ; elles enfoncent dans le sol un rhizôme muni de racines, et émettent dans l'air de nombreux rameaux fistuleux.

Sur les rameaux se voient, de distance en distance, des feuilles verticillées et soudées entre elles dans chaque verticille (fig. 241, n° 1, *f*), de manière à former une courte collerette dentée. Les rameaux sont très cassants au niveau de ces nœuds à collerette.

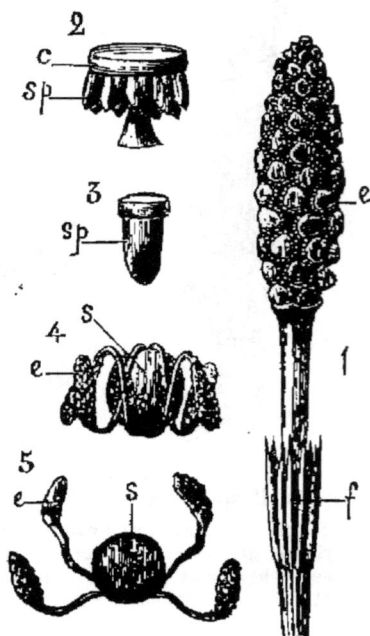

Fig. 241. — Appareil sporifère d'une Prêle.

1, rameau terminé par un épi sporifère, gr. nat. ; 2, feuille fertile avec ses sporanges, grossie ; 3, sporange isolé, plus grossi ; 4, spore avec ses filaments enroulés, très grossie ; 5, spore avec ses filaments distendus.

85. Les sporanges (n°s 2 et 3, *sp*) sont portés, par certains rameaux, sur la face inférieure de feuilles (*c*) assez semblables à des clous et groupées en épis (n° 1, *e*). Les spores (n°s 4 et 5, *s*) sont arrondies et accompagnées chacune de deux filaments spiraux (*e*) qui, par leur distension,

rendent la dissémination plus facile. Ordinairement les unes produisent des prothalles à anthéridies, les autres des prothalles à archégones. Après la fécondation, les corps reproducteurs femelles donnent naissance à une prêle.

En somme, les Prêles ne diffèrent des Fougères que par leur forme ; elles se reproduisent comme elles, et comme elles aussi ont des racines et des vaisseaux. On les range, pour cette raison, avec les Fougères, dans le groupe des *Cryptogames vasculaires*.

86. Mousses. — Une des plus belles mousses de nos bois est le *Polytric commun* (fig. 242), très reconnaissable à ses rameaux droits et serrés, à ses feuilles lancéolées, aiguës, finement denticulées sur les bords et colorées en vert foncé. Comme toutes les Mousses, le Polytric ne renferme pas trace de vaisseaux et appartient par conséquent au groupe des *Cryptogames non vasculaires*. Étant dépourvues de vaisseaux, les Mousses sont également dépourvues de racines, aussi les parties inférieures de leur tige n'émettent-elles que des poils fixateurs et absorbants.

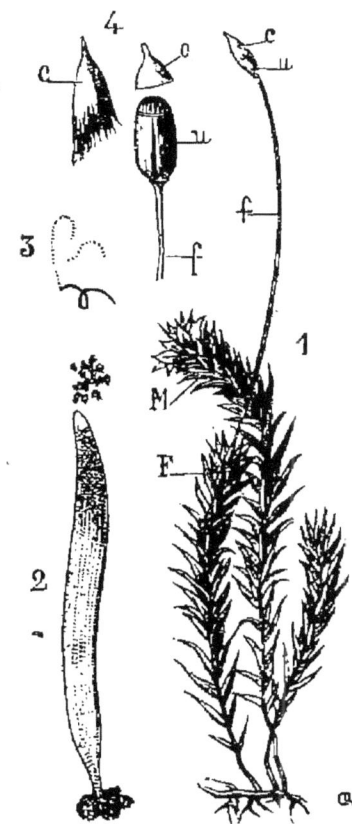

Fig. 242. — Polytric commun. 1, pieds en fructification, gr. nat.; 2, anthéridie émettant des anthéroïdes, grossie; 3, anthérozoïde à 2 cils, très grossi; 4, extrémité supérieure grossie de l'appareil sporifère.

87. C'est à la fin de l'hiver et au printemps que se reproduisent surtout les Mousses. Dans le Polytric on observe alors des pieds de deux sortes : les uns (n° 1, M) se terminent par une rosette serrée de larges feuilles colorées, les autres (F) par des feuilles ordinaires ; les premiers sont des pieds mâles, les seconds des pieds femelles.

Au fond de la rosette des pieds mâles se trouvent des anthéridies (n° 2) en forme de sac allongé, et visibles à la loupe ; à l'extrémité des pieds femelles on voit au contraire des archégones semblables à de petites bouteilles. Le Polytric est donc une plante dioïque ; mais il existe aussi des Mousses monoïques.

Les corps reproducteurs mâles (n° 3) des Mousses ressemblent beaucoup à ceux des Fougères et des Prêles. Après la fécondation, le corps reproducteur femelle se développe dans l'archégone aux dépens du pied mère, et forme un embryon qui s'allonge bientôt en soulevant, comme un bonnet, les parois (n°ˢ 1 et 4, *c*) de l'archégone.

88. Quand il est développé, cet embryon (n° 4) se compose de deux parties : un filet (*f*) implanté dans le pied mère, et une *urne* (*u*) sporifère protégée par la paroi (*c*) soulevée de l'archégone.

Cette dernière partie a été très heureusement désignée sous le nom de *coiffe* (*c*). A la maturité (n° 4), elle se détache facilement, et met à découvert une sorte de couvercle (*o*), qui tombe à son tour, et qui permet aux spores contenues dans l'urne (*u*) de s'échapper au dehors.

Fig. 243. — Portion de filament d'une Confervacée, très grossie.

Fig. 244. — Corps reproducteurs d'une Confervacée, très grossis.

Les spores germent sur le sol et donnent naissance à un réseau de filaments verts sur lequel se développent çà et là des pieds ordinaires de Polytric.

89. **Algues.** — Dans les bassins et au fond des cours d'eau, de même que sur les bords de la mer, on voit se former en grand nombre des filaments verdâtres qui s'allongent et s'enchevêtrent en tous sens au milieu de l'eau. Ces filaments sont des Algues, du groupe des *Confervacées* (fig. 243).

Mettons quelques-uns de ces filaments dans un verre

de montre avec un peu d'eau, et étudions-les avec une loupe très grossissante, ou mieux encore au microscope ; nous verrons que leur structure est des plus simples, qu'ils sont formés de petits éléments cylindriques placés bout à bout, et qu'ils ne présentent aucune trace de tige, de racine, de feuilles et de fleurs. Ils sont constitués, comme on dit, par un simple *thalle*.

90. Pour se reproduire, ces plantes émettent de petits corps (S*p*) nus, qui nagent à l'aide de cils mobiles. Certains de ces corps (fig. 244) donnent directement naissance à un thalle, et reçoivent le nom de *spores* (S*p*); d'autres, avant de reproduire la plante, se fusionnent deux à deux en un seul, et sont de vrais corps reproducteurs. Les Algues les plus nombreuses et les plus grandes habitent la mer (fig. 245).

91. **Champignons.** — Le *Champignon de couche* ou *Agaric champêtre* (fig. 246) pousse naturellement dans les prairies, surtout dans celles où paissent les chevaux ; mais on le cultive aussi à l'obscurité sur du fumier de cheval.

Fig. 245. — Algue marine (Fucus), réduite au tiers.

C'est une plante à thalle, comme les Algues, car il n'a ni tige, ni racine, ni feuilles, ni fleurs ; mais, tandis que les Algues sont colorées en vert par de la chlorophylle, le Champignon de couche en est dépourvu, comme tous les autres Champignons d'ailleurs.

Le rôle de la chlorophylle étant, comme on sait, de fixer dans les plantes le carbone contenu dans le gaz carbonique de l'air, les Champignons doivent puiser leur carbone à une autre source, et c'est pourquoi ils cherchent, pour se développer, les matières organiques en décomposition. Beaucoup se contentent de fumier, de bois pourri ou de cadavres, mais d'autres puisent leur carbone dans des êtres vivants, et vivent alors en *parasites*.

92. La partie comestible du Champignon de couche est formée par des chapeaux pédonculés (fig. 246, n°s 4, 5, 6). Sur la face inférieure de ces chapeaux se trouvent des lamelles rayonnantes, qui doivent leur coloration rose aux nombreuses *spores* (fig. 247) qui les recouvrent.

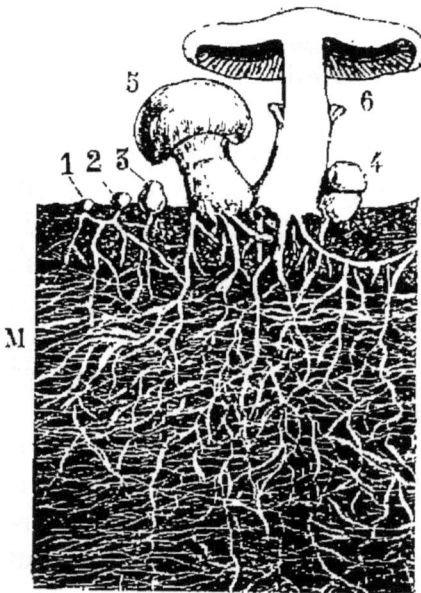

Placées dans un milieu nutritif convenable, les spores du Champignon germent et donnent des filaments incolores, qui se ramifient en tous sens et forment ce qu'on appelle le *blanc de champignon*. Ces filaments constituent l'appareil végétatif ou *mycélium* (fig. 246, M) de la plante ; ils se multiplient rapidement en certains

Fig. 246. — Champignon de couche, aux divers stades de la formation de l'appareil sporifère.

Fig. 247. — Spores du Champignon de couche (en noir) et leur support.

points et viennent former à la surface du milieu nutritif les appareils reproducteurs ci-dessus étudiés.

La reproduction par fécondation n'existe que chez un petit nombre de Champignons ; elle ne se produit jamais dans le Champignon de couche.

CLASSIFICATION DES PLANTES

93. **Division des plantes en quatre embranchements.** — Si nous passons en revue les diverses plantes que nous venons d'étudier, nous voyons que les premières, de

la Giroflée au Sapin, ont toutes une tige, des feuilles, une racine et des fleurs ; — que les fleurs disparaissent déjà chez les Fougères et chez les Prêles ; — que les racines, et par conséquent les vaisseaux, font défaut chez les Mousses, en même temps que les fleurs ; — enfin qu'on ne peut distinguer ni tige, ni racine, ni feuilles, ni fleurs, chez les Champignons et chez les Algues, et que le corps de ces plantes se réduit à un simple thalle.

De là quatre groupes primordiaux, ou *embranchements,* dans le règne végétal. Le premier de ces groupes comprend toutes les plantes à fleurs, c'est-à-dire les *Phanérogames ;* les trois autres ne renferment que des plantes cryptogames. Parmi ces dernières, celles qui ont des racines, et par conséquent des vaisseaux, méritent le nom de *Cryptogames vasculaires* et forment un embranchement spécial. Les Cryptogames dépourvues de vaisseaux se subdivisent à leur tour en deux groupes, suivant que leur corps présente encore une tige et des feuilles, ou qu'il se réduit à un simple thalle ; dans le premier cas, nous avons l'embranchement des *Mousses ;* dans le second, celui des *Thallophytes.*

Les caractères essentiels des quatre embranchements peuvent être résumés de la manière suivante :

Phanérogames : tige, feuilles, racines, vaisseaux et fleurs ;

Cryptogames vasculaires : tige, feuilles, racines, vaisseaux ;

Mousses : tige, feuilles ;

Thallophytes : un corps simple appelé thalle.

94. Subdivision de l'embranchement des Phanérogames. — Les Phanérogames se subdivisent à leur tour en deux *sous-embranchements.* Dans l'un d'eux, on range les plantes analogues au Pin, c'est-à-dire celles dont les graines sont à nu sous des parois ovariennes étalées ; dans l'autre, toutes celles dont les graines sont au contraire enfermées dans un ovaire clos. Les plantes à graines nues sont appelées *Gymnospermes,* et celles à graines enfermées, *Angiospermes.*

95. Parmi les Angiospermes, il en est, comme la Jacinthe et le Blé, qui n'ont jamais plus d'un cotylédon ; il en est d'autres, par contre, qui en ont toujours deux. De là deux groupes nouveaux, auxquels on peut donner le nom de *classes :* les plantes à un seul cotylédon formeront la classe des *Monocotylédones,* et celles à deux cotylédons la classe des *Dicotylédones.*

96. **Subdivision de l'embranchement des Thallophytes.** — L'existence de la chlorophylle dans un végétal modifie complètement, nous l'avons vu plus haut, les conditions vitales de la plante. Aussi a-t-on formé deux classes dans les Thallophytes, suivant qu'elles possèdent ou ne possèdent pas de chlorophylle : les Thallophytes à chlorophylle sont rangées dans la classe des *Algues,* et celles sans chlorophylle dans la classe des *Champignons.*

97. — **Classification des Plantes étudiées dans la partie de ce cours relative à la botanique.**

PHANÉROGAMES.	ANGIOSPERMES.	*Dicotylédones..*	Dialypétales.	Giroflée. — { Chapitres 21, 22 et 23.
				Rosier. — } Chapitre 24.
				Carotte.
				Pois.
			Gamopétales.	Muflier. — } Chapitre 25.
				Grand Soleil.
		Monocotylédones........		Jacinthe. — } Chapitre 26.
				Blé.
	GYMNOSPERMES...............			Sapin.
CRYPTOGAMES VASCULAIRES.	*Fougères............*			Fougère mâle.
	Prêles...............			Prêle.
MOUSSES.				
THALLOPHYTES.	*Algues............*			Conferves. } Chapitre 27.
	Champignons			Agaric champêtre.

GÉOLOGIE

CHAPITRE XXVIII

Caractères des minéraux. — Étude de quelques espèces utiles, très répandues et d'une détermination facile.

CORPS CRISTALLISÉS ET CORPS AMORPHES

1. Éléments minéraux de la terre végétale. — Les éléments minéraux essentiels de la terre végétale, et du sous-sol qu'elle recouvre, sont la *silice*, l'*argile* et le *calcaire*.

La *silice* se rencontre presque seule dans la plupart des sables, et s'y présente sous la forme de grains irréguliers et très durs. Les terres riches en silice sont de consistance sableuse et se laissent facilement traverser par l'eau.

L'*argile* est au contraire fort avide d'eau, et forme avec elle une pâte assez tenace, qui se pétrit aisément sous les doigts. Les terres trop argileuses ne se laissent pas traverser par l'eau ; elles se fendillent et durcissent sous l'action prolongée du soleil.

Les terres riches en *calcaire* n'ont pas beaucoup plus de consistance que les terres siliceuses, et se laissent comme elles traverser par l'eau ; elles se distinguent des terres siliceuses par la dureté moins grande des grains qui les constituent, et par la forte effervescence qu'elles produisent quand on en met une pincée dans un peu de vinaigre. Ce dernier caractère les distingue aussi de l'argile.

La silice, l'argile et le calcaire sont les trois éléments minéraux des terres; ils se présentent, à l'état de pureté, le premier sous la forme de *quartz,* le second sous celui de *kaolin,* le troisième sous celui de *calcite.*

2. Le quartz. — Dans certaines parties des Alpes et du Massif central français, on rencontre fréquemment, implanté sur les parois anfractueuses des rochers, un élément minéral (fig. 248) dont la transparence et la limpidité sont telles qu'il a reçu le nom de *cristal de roche.*

Au premier abord, ce minéral pourrait être pris pour du cristal ordinaire, c'est-à-dire pour une variété très réfringente de verre; mais l'étude la plus superficielle montre bien vite qu'il n'en est rien.

3. Le verre, en effet, ne présente jamais de formes géométriques naturelles; et quand il a des facettes, ce sont celles que lui a données l'ouvrier pour en rehausser l'éclat. Le cristal de roche, au contraire, prend toujours des facettes naturelles; il a toujours une forme géométrique, et cette

Fig. 248. — Groupe de cristaux de quartz.

forme est au fond toujours la même, quels que soient le nombre et la diversité des facettes.

Les formes rigoureusement géométriques sous lesquelles se présentent naturellement certaines substances à l'état solide, sont désignées sous le nom de *cristaux,* et ces substances elles-mêmes sont dites alors *cristallisées.* Le sucre candi, par exemple, est formé par de gros cristaux de sucre; le sel de cuisine et le sucre ordinaire sont également cristallisés.

La forme géométrique sous laquelle se présente le cristal de roche est celle du *prisme droit à base hexagonale;* seulement cette forme est dissimulée par des facettes accessoires nombreuses, dont les plus fréquentes forment une pyramide à six pans aux extrémités du prisme (fig. 249). Quand il présente ces dernières facettes, le cristal de roche est dit *pyramidé,* et ses cristaux atteignent parfois un mètre de tour.

. 4. Le cristal de roche est la variété incolore d'un élément minéral qui porte le nom de *quartz ;* on l'appelle fréquemment aussi *quartz hyalin.* Les grains de silice du sable sont des fragments ou des cristaux de quartz que le frottement et les eaux ont à la longue usés et plus ou moins arrondis.

5. Le quartz est de la silice pure, ou acide silicique; il renferme 46,67 °/₀ de silicium et 53,33 d'oxygène. Il présente sur les cassures le même aspect que le verre (cassure vitreuse), résiste à tous les acides, sauf à l'acide fluorhydrique, et ne fond qu'aux températures les plus élevées. Il raye facilement le verre, et pour cette raison remplace souvent le diamant du vitrier. Sa densité, qui est de 2,65, est celle des minéraux les plus légers.

Fig. 249. — Cristal bipyramidé de quartz.

6. L'*agate* et le *silex* ou *pierre à fusil* sont formés par de la silice incomplètement cristallisée; la première se fait remarquer par ses zones concentriques de diverses couleurs. Le *jaspe* et la *pierre de touche* sont des silex imprégnés d'argile.

7. **Le kaolin.** — Le *kaolin* rentre dans la catégorie des corps *amorphes,* c'est-à-dire dépourvus de toute structure cristalline. C'est un corps blanc, assez semblable à de la craie, mais plus fin et plus doux au toucher; il est presque infusible et ne se laisse attaquer à froid par aucun acide. Il est avide d'eau, la retient et forme avec elle une pâte plastique, c'est-à-dire susceptible d'être pétrie et moulée. En séchant, cette pâte se contracte et se fendille, comme les terres argileuses, sous l'action prolongée d'un soleil ardent. Desséché, le kaolin happe à la langue, à cause de son avidité pour l'eau. On l'exploite, en France, à Saint-Yrieix.

8. Le kaolin est un silicate d'alumine hydraté à peu près pur ; il sert à fabriquer la porcelaine. L'*argile plastique* et la *terre glaise* ont très sensiblement les mêmes propriétés et la même composition chimique que le kaolin, mais elles sont moins pures, happent plus fortement à la langue et présentent des colorations très variables. L'argile plastique sert à fabriquer les pipes et les poteries. La terre glaise est employée par les sculpteurs.

9. **La calcite.** — La *calcite* est du carbonate de chaux cristallisé. Sa forme géométrique fondamentale est la même que celle du quartz, seulement cette forme est très modifiée par des facettes accessoires qui la ramènent fréquemment à l'état de rhomboèdre (fig. 250), c'est-à-dire de parallélipipède à six faces égales et losangiques.

Fgi. 520. — Rhomboèdre de calcite.

La calcite tapisse fréquemment de ses cristaux les petites cavités que renferment la plupart des roches calcaires ; elle prend le nom de *spath d'Islande* quand elle est limpide comme du cristal de roche et cristallisée en beaux rhomboèdres ; elle est alors très recherchée pour la construction de certains instruments d'optique.

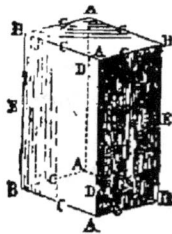

10. Le calcaire, ou carbonate de chaux, cristallise aussi dans la forme du prisme droit à base losangique (fig. 251); il porte alors le nom d'*aragonite,* et se présente le plus souvent sous la forme de faisceaux de grosses et longues aiguilles juxtaposées. On qualifie de *dimorphes* tous les corps qui peuvent, comme le calcaire, cristalliser sous deux formes géométriques essentiellement différentes.

Fig. 251. — Forme cristalline de l'aragonite.

11. Quelle que soit sa forme cristalline, le calcaire présente un certain nombre de caractères physiques parfaitement constants : il laisse dégager, avec effervescence, son acide carbonique quand on le traite par les liqueurs acides ; il est rayé par le verre et par l'acier, enfin il est

infusible, et se décompose, sous l'action d'une chaleur
assez forte, en acide carbonique et en chaux.

12. **Lois de la cristallisation.** — Pour expliquer le
phénomène de la cristallisation, les savants admettent que
tous les corps sont formés de parties infiniment petites
appelées *molécules,* et que ces molécules, qui se disposent pêle-mêle et sans aucun ordre chez les substances
amorphes, s'agencent, au contraire, suivant une architec-
ture géométriquement régulière, chez celles qui sont
cristallisées. Cette hypothèse nous permet de concevoir,

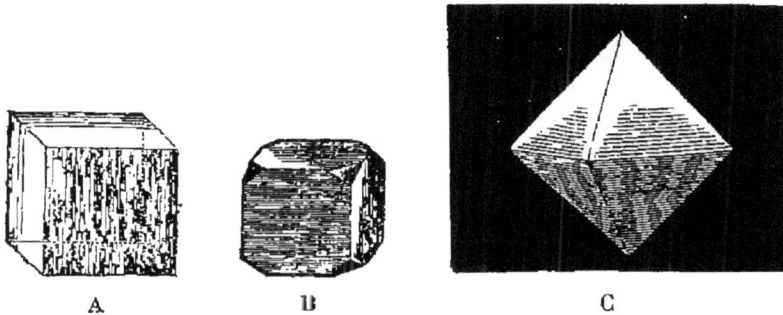

Fig. 252. — Fluorine : passage du cube à l'octaèdre.

jusqu'à un certain point, le phénomène de la cristallisation, mais elle n'en donne nullement la raison, parce
qu'elle n'explique pas pourquoi les molécules d'un corps
se disposent toujours de la même manière.

Quoi qu'il en soit, on peut réduire aux deux lois suivantes les principes essentiels de la cristallographie :

1° *Tous les cristaux rentrent dans l'une ou l'autre des six
formes géométriques suivantes,* qui sont les types d'autant
de systèmes cristallins :

Le *cube,* 1ᵉʳ système : sel marin, diamant;

Le *prisme droit à base carrée,* 2ᵉ système : cassitérite ou
oxyde d'étain;

Le *prisme droit à base rectangulaire,* 3ᵉ système : aragonite;

Le *prisme droit à base hexagonale,* 4ᵉ système : quartz,
calcite;

Le *prisme oblique à base rectangulaire*, 5ᵉ système :
gypse, feldspath orthose;

Le *prisme oblique à base parallélogrammatique*, 6ᵉ système : feldspath oligoclase.

2° *Toutes les fois qu'un élément quelconque, angle solide
ou arête, est remplacé par une facette dans la forme type
d'un cristal, tous les autres éléments géométriques semblables se modifient de la même manière.*

Exemple : la *fluorine*, ou fluorure de calcium, cristallise
dans le système cubique (fig. 252, A); mais quand une facette en forme de triangle équilatéral vient à se former
sur l'un des angles solides du cube, une facette semblable
se forme également sur chacun des sept autres (fig. 252, B).
Quelquefois ces facettes empiètent tellement sur les faces
du cube qu'elles les font disparaître, et le cube est alors
remplacé par un octaèdre régulier (fig. 252, C).

C'est un minéralogiste célèbre, le savant Haüy, qui a
dégagé ces lois, vers la fin du siècle dernier.

CHAPITRE XXIX

**Caractères des minéraux. — Étude de quelques es-
pèces utiles, très répandues et d'une détermination
facile** (suite).

CARACTÈRES DES MINÉRAUX

13. Caractères des minéraux. — Les corps que nous
avons étudiés dans le chapitre précédent appartiennent,
comme nous l'avons dit, au *règne minéral*. Ils sont tous
absolument *immobiles et insensibles;* ils n'exercent aucune
des fonctions qui sont le propre des êtres vivants, et ils
sont *incapables de se reproduire*. L'*inertie la plus complète*
est, en d'autres termes, leur caractère fondamental, et
c'est aussi, sans exception, celui de tous les minéraux.

14. Espèces minérales et roches. — Le règne minéral embrasse deux sortes de corps : les *espèces minérales* et les *roches ;* on appelle aussi les premiers *éléments minéraux* ou simplement *minéraux*. — On range dans la même *espèce minérale* tous les corps qui ont la même composition chimique et, quand ils sont cristallisés, la même forme cristalline fondamentale. — On désigne sous le nom de *roche* tout massif homogène et étendu qui se compose, soit d'une même espèce minérale, soit de plusieurs espèces diversement réunies. — Le quartz, la calcite et l'aragonite sont des éléments minéraux ; le kaolin et l'argile peuvent être considérés comme des roches quand ils forment des massifs étendus. La *terre végétale* est une roche qui résulte de la désagrégation lente et progressive de toutes les autres.

15. L'étude des espèces minérales fait l'objet de la *minéralogie proprement dite ;* celle des roches est un chapitre spécial d'une science beaucoup plus vaste, la *géologie,* qui a pour objet spécial l'histoire des matériaux qui constituent le globe.

ÉTUDE DE QUELQUES ESPÈCES MINÉRALES
QUI ENTRENT DANS LA COMPOSITION DES ROCHES.

1° *Espèces qui renferment de l'alumine.*

16. Feldspaths. — Un des éléments essentiels du granit est une espèce minérale, appelée *orthose,* qui cristallise

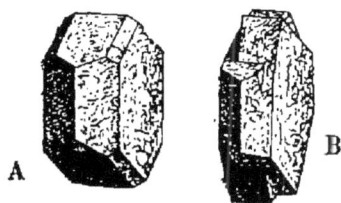

Fig. 253. — A, cristal d'orthose ; B, mâcle ou association de deux cristaux.

dans le système du prisme oblique à base rectangulaire (fig. 253) ; ses cristaux sont blancs ou roses, plus durs que le verre, mais moins durs que le quartz ; ils se *clivent,* c'est-à-dire se divisent assez facilement en lamelles parallèles à certaines de leurs faces. C'est un silicate double d'alumine et de potasse.

L'orthose est le type d'une classe de minéraux qu'on nomme les *feldspaths.* Les feldspaths sont des silicates d'alumine alcalins ou alcalino-terreux, dans lesquels l'oxygène contenu dans l'alumine est à celui contenu dans l'alcali dans le rapport de 1 à 3.

17. Les feldspaths sont assez nombreux, mais il suffira de signaler ici le *labrador,* feldspath irisé à base de chaux, et l'*oligoclase,* feldspath où la base alcaline est formée de soude et de chaux. Ces derniers feldspaths cristallisent dans le 6e système.

18. Les feldspaths sont, en général, d'autant plus légers qu'ils renferment davantage de silice ; l'orthose tient à ce point de vue le premier rang, avec 64 à 66 % de silice et 2,5 pour densité moyenne ; — viennent ensuite l'oligoclase : 62 % de silice et 2,67 pour densité, — puis le labrador, 52 % de silice et 2,7 pour densité.

Comme le verre, dont ils se rapprochent à beaucoup d'égards, les feldspaths sont plus fusibles et moins

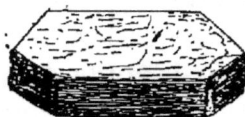

Fig. 254. — Mica.

durs que le quartz. Ils paraissent inattaquables par les acides, mais à la longue l'acide carbonique des eaux transforme leur alcali en carbonate alcalin soluble, et réduit le feldspath à l'état de *kaolin,* c'est-à-dire de silicate d'alumine hydraté.

19. **Micas.** — Les micas se rencontrent en abondance dans les roches granitiques, en même temps que les feldspaths ; ils se présentent sous la forme de lamelles hexagonales (fig. 254) fréquemment déchiquetées ou en paillettes, mais toujours très facilement *clivables* en lamelles parallèles aux faces hexagonales. Ce sont des minéraux assez attaquables par les acides, difficilement fusibles et assez tendres pour se laisser couper au couteau.

Les micas sont des silicates d'alumine hydratés, dans lesquels l'alumine est accompagnée de bases étrangères variées, ainsi que d'une certaine quantité de fluor. Le mica *biotite* a une teneur médiocre en alumine (16 %), mais il est riche en oxyde de fer (6 %) et en magnésie ; le mica *muscovite* est au contraire fort riche en alumine

(36 %), mais ne renferme que des proportions très faibles (1 %) de magnésie et de fer. Le premier de ces micas est vert ou noir, le second a des couleurs blanches ou pâles et se rencontre fréquemment en grandes lames.

2° Silicates non alumineux.

20. Pyroxènes. — Les *pyroxènes* sont des silicates de fer, de chaux et de magnésie dans lesquels la chaux prédomine sur la magnésie ; la présence du fer et de la chaux dans ces corps rend leur densité considérable ; elle est en moyenne de 3,4. Ils cristallisent tous dans le 5e système.

Le plus commun de ces corps est l'*augite* (fig. 255), minéral noir et assez terne, dont les cristaux sont des prismes à 8 faces, biseautés aux deux bouts.

Fig. 255.
Augite.

21. Amphiboles. — Les *amphiboles* ressemblent à tous égards aux pyroxènes, mais renferment au moins autant de magnésie que de chaux.

La variété la plus répandue est l'*hornblende* (fig. 256), qui forme, dans beaucoup de roches granitiques, des prismes hexagonaux noirs, brillants et striés en long.

Une autre variété d'amphibole est l'*amiante,* dont on fait des tissus incombustibles et très difficilement fusibles.

22. Péridot. — Le *péridot* est un silicate de magnésie anhydre très abondant à l'intérieur de certaines roches, et notamment dans les basaltes. Ses cristaux d'un vert vitreux lui ont valu le nom d'*olivine*; ils appartiennent à la forme du prisme droit à base rhombique.

Fig. 256.
Hornblende.

En s'hydratant, le péridot donne naissance à un minéral amorphe, verdâtre, d'un éclat faible et gras, la *serpentine,* qui est très commune dans les régions les plus arides des Alpes.

23. Nous renverrons à la deuxième année du cours l'étude des métaux et de leurs minerais, des combustibles minéraux (houille, anthracite, lignite), du sel marin, du *gypse* ou sulfate de chaux hydraté et de beaucoup d'autres espèces minérales qu'il n'est pas même utile de signaler ici.

CHAPITRE XXX

Étude de quelques roches simples ou composées. Idée de leurs différents modes de formation.

ARRANGEMENT DES ROCHES. — IDÉE DE LEURS DIFFÉRENTS MODES DE FORMATION

24. Le granit (fig. 257). — Le *granit* est la plus dure et la plus résistante de toutes les pierres de construction; on l'exploite en France dans le Cotentin et dans le Massif central. Dans tous les pays où il existe, il s'intercale, sous la forme de dômes ou de murailles irrégulières, au milieu des roches les plus variées.

Le granit est une roche à fond clair, agréablement

Fig. 257. — Granit.

mouchetée de nombreuses taches noires ou brunes. Ces taches sont formées par des lamelles de *mica biotite* (*m*), les parties claires par un mélange de *feldspath orthose* (*o*) et de *quartz* (*q*). L'orthose est en cristaux blancs ou roses, toujours très nets et parfois assez grands; il est comme noyé dans une masse vitreuse et un peu grisâtre constituée par le quartz.

Un examen, même superficiel, du granit permet de constater que cette roche est tout entière cristalline, que ses cristaux sont tous de dimensions notables, que leur disposition n'offre absolument rien de régulier, et qu'ils paraissent être le résultat de trois cristallisations successives.

Ce dernier caractère demande à être examiné plus attentivement que les autres. Quand on étudie le mica du granit, on voit que ses lamelles, hexagonales ou irrégulières, sont entourées et souvent corrodées par le quartz, quelquefois même par le feldspath ; d'où l'on peut conclure qu'elles étaient déjà cristallisées à une période où quartz et feldspaths affectaient encore l'état liquide. On peut en dire autant de l'orthose par rapport au quartz, car ce dernier a cristallisé en grandes masses autour du feldspath déjà consolidé ; il s'est moulé sur les cristaux feldspathiques et les a même fréquemment corrodés et brisés.

Fig. 258. — Gneiss.

25. Caractère des roches ignées. — Ces phénomènes de cristallisations successives nous prouvent que *le granit devait exister d'abord sous la forme d'une masse en fusion,* et que, dans cette masse liquide, se sont successivement consolidés le mica, l'orthose et le quartz.

Étant donnée la résistance à la fusion des trois éléments du granit, on est en droit d'admettre que *cette roche a dû subir des températures très élevées, pour se trouver à l'état liquide,* et qu'elle formait, avant sa consolidation, une sorte de lave brûlante analogue à celle de nos volcans.

Telle est l'origine de la dénomination de *roches ignées* qu'on donne au granit et à beaucoup d'autres roches. En passant de l'état liquide à l'état solide, ces roches ont affecté le plus souvent une structure cristalline partielle ou totale qui rappelle, par *l'absence complète de toute orientation régulière dans les cristaux,* la structure cristalline que prennent, en se solidifiant, les corps fondus susceptibles de cristalliser.

26. Le gneiss (fig. 258). — Il n'en est pas de même du *gneiss,* autre roche entièrement cristallisée, à travers laquelle se font ordinairement jour les dômes et les murailles de granit.

Le gneiss, en effet, se compose, comme le granit, de quartz, de feldspath et de mica (*q, o, m*); seulement les lamelles de mica sont toutes parallèles entre elles, si bien que la roche présente, au premier coup d'œil, un aspect rubané très caractéristique.

Il est clair que le gneiss s'est consolidé avant le granit, puisqu'il est traversé par les injections de ce dernier; il est clair également qu'il s'est formé aux dépens de la même masse liquide ignée, puisqu'il se compose des mêmes éléments.

27. Caractères des roches cristallophylliennes. — La structure exclusivement cristalline du gneiss est une preuve que *cette roche a dû se consolider dans un milieu dont la puissance de cristallisation était très grande;* la séparation et le groupement en zones parallèles de ses éléments montre, d'autre part, que *ce milieu était un liquide assez mobile pour que les cristaux pussent s'y déposer suivant les lois de la pesanteur,* dès qu'ils étaient formés.

Ce que nous venons de dire sur l'origine et la structure du gneiss s'applique absolument à toute une série de roches qu'on a qualifiées de *cristallophylliennes,* en raison de leur structure à la fois cristalline et feuilletée. Ces roches sont généralement cristallines, comme un grand nombre de roches ignées, mais la disposition de leurs cristaux par bandes parallèles les distingue très nettement de ces dernières, et prouve manifestement qu'elles prenaient naissance, sous forme de dépôts, au sein d'un liquide dont la masse était assez fluide pour ne pas contrarier l'action de la pesanteur.

28. Le grès. — Voici une roche où le caractère de dépôt se manifeste avec une évidence autrement grande que dans les précédentes. Quand on visite une carrière de grès (fig. 259), on est frappé par l'aspect de la masse rocheuse tout entière, qui est divisée en *bancs* ou *strates* parallèles, que séparent les unes des autres des zones moins consistantes ou différemment colorées.

29. Mettons en suspension dans un verre d'eau une bouillie de sable et d'argile; le sable se déposera d'abord, puis l'argile. Quand l'eau sera redevenue claire, ajoutons une nouvelle quantité de la même bouillie, et recommençons la même opération un certain nombre de fois; nous obtiendrons un dépôt où alternent, par strates successives, le sable et l'argile. C'est, toute proportion gardée, un aspect absolument semblable à celui que présente notre carrière.

30. Allons plus loin et examinons de près la structure d'un

Fig. 259. — Carrière.

fragment de grès. Il est facile d'y reconnaître une infinité de grains de quartz plus ou moins arrondis et soudés entre eux par une pâte ou ciment. Dans le grès de Fontainebleau, ce ciment est calcaire, et il disparaît, laissant les grains de quartz en liberté, quand on traite la roche par un acide.

La structure du grès et l'aspect stratifié qu'il présente dans les carrières suffisent pour nous convaincre que cette roche s'est formée dans l'eau avec des grains de quartz maintes fois roulés, que ces grains se sont déposés par couches sur le fond, et qu'un ciment est venu ensuite s'interposer entre eux et les réunir en se solidifiant.

31. **Caractères des roches sédimentaires.** — On donne le nom général de *sédiment* à tous les dépôts qui s'effectuent au sein des eaux, et celui de *roches sédimentaires*

aux roches qui sont, comme le grès, constituées par des sédiments. Les roches sédimentaires ont rarement une structure cristalline, mais elles sont toujours très bien stratifiées ; les différences qui se produisent aux points contigus de deux bancs successifs sont dues à des variations ou à un arrêt momentané dans la sédimentation.

32. Dispositions relatives des diverses roches (fig. 260). — Toute la partie solide de la terre est constituée par les diverses roches que nous venons de signaler. Partout où

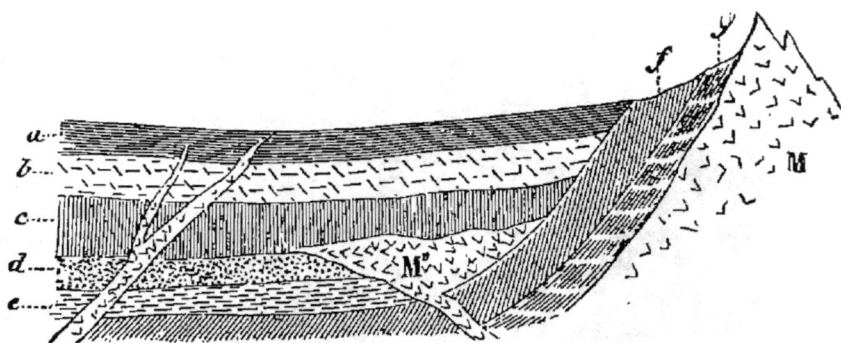

Fig. 260. — Coupe théorique des couches du globe, pour montrer leurs rapports.

les rapports naturels de ces roches n'ont pas été altérés par les mouvements du sol, on voit les roches sédimentaires (a-e) recouvrir de leurs strates les roches cristallophylliennes (f, g), et les roches ignées (M) s'introduire, sous la forme de nappes (M''), de dômes, de murailles ou de filons (M'), parmi les roches précédentes, au sein desquelles fut injectée leur matière avant sa solidification.

ÉTUDE DE QUELQUES ROCHES SIMPLES OU COMPOSÉES

33. Roches ignées. — Parmi les roches ignées les plus voisines du granit, il faut citer la *granulite* et la *pegmatite*.

La *granulite* peut être considérée comme un granit à mica blanc (muscovite), et la *pegmatite* comme une granulite où les trois éléments constitutifs ont une tendance à s'isoler sur de grandes étendues. C'est dans la pegmatite qu'on trouve, sous la forme de grandes lamelles claires et flexibles, le mica muscovite, appelé aussi *verre de Moscovie.*

La *syénite* et la *diorite* ont le même aspect que le granit, mais elles sont dépourvues de quartz, et le mica y est remplacé par de l'amphibole; grâce à la présence de ce dernier élément, ces deux roches sont plus lourdes que le granit. La diorite se compose d'oligoclase et d'amphibole; dans la syénite (de Syène, ville d'Égypte), l'orthose remplace le feldspath oligoclase.

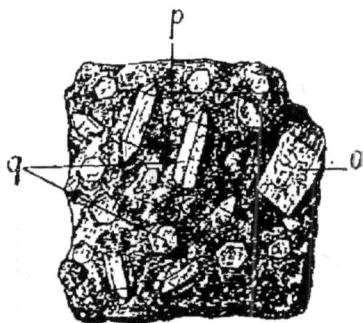

Fig. 261. — Porphyre.

34. Les roches précédentes ressemblent au granit par leur structure entièrement cristalline et par les dimensions notables de leurs cristaux; on les désigne sous le nom de *roches granitoïdes.* Elles sont fréquemment accompagnées par des roches que les géologues qualifient de *porphyroïdes,* parce qu'elles sont composées, comme les porphyres, d'une masse feldspathique, en apparence amorphe, au milieu de laquelle sont englobés des cristaux d'assez grande taille.

Fig. 262. — Fragment de colonne basaltique.

35. Les roches porphyroïdes sont recherchées pour l'ornement, toutes les fois que leurs cristaux tranchent agréablement sur la masse fondamentale qui les englobe. Dans les vrais *porphyres* (fig. 261), cette masse (*p*) est très dure et englobe le plus souvent des cristaux de fedspath (*o*) et de quartz (*q*); — dans les *trachytes,* elle est grisâtre et rugueuse, et renferme fréquemment des cristaux craquelés d'orthose; — dans les *basaltes* enfin, la masse est noire, compacte, et englobe de nombreux grains verts d'olivine et des cristaux noirs d'augite. Les basaltes sont fréquents en

Auvergne et ressemblent beaucoup aux laves rejetées par certains volcans. Leurs coulées se divisent fréquemment en colonnes prismatiques d'un curieux aspect (fig. 262).

La masse fondamentale des roches porphyroïdes s'est solidifiée après les cristaux qu'elle englobe, à la suite d'un refroidissement prononcé et rapide ; elle n'est du reste jamais complètement amorphe, mais les cristaux qu'elle renferme sont si petits qu'ils ont reçu le nom de *microlithes,* et qu'il faut, pour les distinguer, les méthodes microscopiques les plus délicates.

36. Quand les cristaux grands ou petits disparaissent dans les roches ignées, la structure devient absolument homogène et ressemble à s'y méprendre à celle du laitier des hauts fourneaux, et mieux encore à celle du verre. Ce caractère appartient à toute une série de roches qu'on qualifie pour cette raison de *vitreuses,* et qui sont représentées surtout par les *obsidiennes* et par les *ponces.* Les obsidiennes, ou *verre de volcans,* sont compactes, noires ou vertes, et prennent aisément le poli du miroir ; les ponces sont poreuses et peuvent être considérées comme des écumes solidifiées d'obsidiennes ; on les utilise en ébénisterie pour polir les bois.

37. **Roches cristallophylliennes.** — Les roches cristallophylliennes se trouvent dans les mêmes massifs que les roches ignées et sont toujours traversées par ces dernières ; on les observe en France dans le Cotentin, en Bretagne, dans le Massif central, dans le Morvan et les Cévennes, et en certains points des Pyrénées, des Vosges et des Alpes.

Elles comprennent, à partir du gneiss qui leur sert de base, des *micaschistes,* des *amphiboloschistes* et des schistes durs appelés *phyllades.*

Les *micaschistes* sont formés de quartz et de mica, et les *amphiboloschistes* de quartz et d'amphibole. Les *phyllades* surmontent ordinairement les autres roches cristallophylliennes, et se composent essentiellement d'argile, de fragments de quartz et de paillettes microscopiques d'ap-

parence micacée. Elles sont beaucoup moins cristallines
que les autres roches cristallophylliennes, et paraissent
surtout formées par leurs débris remaniés au sein des
eaux; elles sont du reste franchement stratifiées, et se laissent aisément séparer en lames dures et luisantes qu'on
peut, dans certains cas, employer comme ardoises.

38. **Roches sédimentaires.** — Avec les phyllades nous
arrivons par degrés successifs à la série des roches sédimentaires.

Certaines de ces roches ressemblent tout à fait à des
phyllades, et ne s'en distinguent que par leur aspect plus
terne et par la disparition plus ou moins complète des
éléments cristallisés; on les désigne alors sous le nom de
schistes, et leurs variétés les plus dures et les plus fines
sont utilisées comme ardoises. Quand ces schistes sont
chargés de carbonate de chaux, ils se délitent facilement
à l'air et sont désignés sous le nom de *marnes.*

Les *conglomérats* sont des roches détritiques comme
les grès et les schistes; ils se composent de fragments
plus gros que ceux des grès, mais unis comme eux par un
ciment. Quand ces fragments ont été roulés par les eaux,
comme des galets, le conglomérat prend le nom de *poudingue;* quand ils sont anguleux comme les morceaux d'un
caillou brisé, la roche est désignée sous le nom de *brèche.*

39. **Roches simples et roches composées.** — Toutes les
roches que nous avons étudiées jusqu'ici, à l'exception
des ponces et des obsidiennes, peuvent être appelées
roches composées, parce qu'elles comprennent toutes un
certain nombre d'éléments minéraux différents, soit cristallisés, soit amorphes. L'obsidienne et la ponce sont, au
contraire, des *roches simples,* parce qu'elles sont uniquement
ment constituées par une masse de nature feldspathique.

Les roches sédimentaires simples sont assez nombreuses et constituent, les unes des amas de *sel* gemme, les
autres des montagnes tout entières de *gypse,* c'est-à-dire
de sulfate de chaux hydraté. Les plus importantes sont
les *meulières,* qui sont formées par des masses caver-

neuses de silice, et les *calcaires,* qui sont formés par du carbonate de chaux cristallisé (marbre) ou amorphe (pierre à bâtir calcaire, pierre lithographique, craie, travertin et tuf calcaire, etc.). Beaucoup de calcaires renferment des fragments ou des débris de coquilles et sont, par conséquent, d'origine en partie animale.

CHAPITRE XXXI

Phénomènes actuels ; effets qu'ils produisent ; ce qu'on peut en déduire relativement à l'action des phénomènes anciens.

40. Maintenant que nous possédons des notions suffisantes sur la structure des parties apparentes du globe, il nous reste à étudier les modifications que subissent actuellement ces parties, — soit de la part des *agents extérieurs :* eau courante ou transformée en glace, mer, atmosphère et organismes vivants, — soit de la part des *agents internes,* dont l'action se manifeste au dehors par les phénomènes volcaniques et les tremblements de terre.

Cette étude ne se restreint pas, comme on pourrait le croire, à l'ensemble des phénomènes actuels ; elle nous permettra de connaître, en remontant du présent au passé, les modifications qu'exerçaient autrefois sur le globe les agents physiques, aujourd'hui pour la plupart moins actifs, dont nous allons étudier les effets.

I. — ACTION DES EAUX COURANTES

41. Parmi les agents extérieurs qui modifient la surface du globe, il faut accorder une des premières places aux eaux courantes.

Les *eaux courantes* sont formées par les pluies, et les

pluies par la condensation des vapeurs atmosphériques. Ces vapeurs abondent surtout sous les tropiques, et se produisent, par voie d'évaporation, dans les couches humides du sol et à la surface des océans. Qu'elles saturent ou non le volume d'air qui les renferme, elles sont entraînées avec lui par les vents et arrivent de la sorte, soit dans des latitudes plus septentrionales, soit sur les flancs des massifs montagneux, c'est-à-dire dans des régions où la température est relativement basse. Elles se trouvent alors en trop grande abondance dans l'air, et leur excès se précipite, sous la forme de *pluie* ou de *brouillard* si la

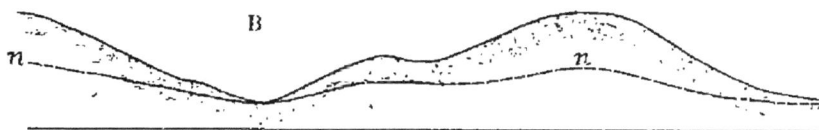

Fig. 263.
Coupe verticale montrant le niveau d'une nappe d'infiltration.

température est supérieure à zéro, sous la forme de *neige* si elle est inférieure.

Les précipitations neigeuses seront étudiées dans un prochain chapitre. Quant aux pluies, après avoir payé leur tribut à l'évaporation, elles *s'infiltrent* dans le sol, ou *ruissellent* à sa surface, et se réunissent tôt ou tard en grande partie pour former des *cours d'eau*.

EAUX D'INFILTRATION

42. Terrains meubles sans couches imperméables. — Quand les eaux de pluie rencontrent des terrains meubles, tels que des graviers ou des sables, elles s'infiltrent entre les particules de ces terrains, et finissent par atteindre un niveau profond où l'évaporation ne se fait plus sentir, et où le sol est saturé d'humidité.

Ce niveau (fig. 263, *n*) représente la surface d'une *nappe d'eau* souterraine qui, sous l'influence de la pesanteur, se rapproche d'autant plus de la surface qu'elle est plus voisine du fond des vallées ; elle finit même le plus souvent par affleurer sur le fond lui-même (en B), où elle forme des *suintements* ou des *sources,* parfois même des terrains tourbeux, comme on l'observe dans la vallée de la Somme.

43. Terrains meubles à couches imperméables. — Si, au milieu d'un terrain meuble (fig. 264), se trouve intercalée une couche imperméable d'argile (*i*), la nappe d'eau souterraine (*n*) sera arrêtée par cette couche, qu'on appelle pour cette raison un *niveau d'eau.* Les sources (*s*) se produisent alors, aux points les plus bas où la couche imperméable rencontre la surface du sol; elles sont

Fig. 264. — Coupe verticale dans un terrain meuble à couche imperméable.

en général beaucoup plus irrégulières que celles des terrains complètement perméables, et leur débit varie d'autant moins qu'elles sont alimentées par des niveaux plus profonds. Ces niveaux affleurant le plus souvent sur les flancs des vallées, c'est là aussi que viennent sourdre les sources (*s*); mais elles peuvent aussi se trouver au fond de la vallée, si le niveau vient affleurer lui-même sur ce fond.

44. Les eaux qui tombent en Bourgogne, en Champagne et dans les Ardennes, sur la ceinture montagneuse du bassin de la Seine, s'infiltrent (fig. 265) dans une couche continue de sables verts (B), qui forme une sorte de cuvette dans toute l'étendue du bassin. Retenues loin de la surface par une couche imperméable d'argile (C) immédiatement superposée au sable, les eaux de la nappe souterraine ne peuvent s'échapper et se trouvent parfois (à Paris, par exemple) à plus de 600 mètres de profondeur. Mais si, par un trou de sonde, on met en communication la surface de la nappe avec l'extérieur, l'eau jaillit en abondance et peut, d'après le principe des vases communiquants, s'élever (*a*) à une grande hauteur au-dessus du niveau de la plaine. Ces puits profonds et jaillissants sont appelés *puits artésiens*, du nom de la province d'Artois où les premiers ont été exécutés. Ceux de Grenelle et de Passy, à Paris, viennent s'ouvrir au sommet d'une haute colonne qui prolonge le trou de sonde, et distribuent ensuite leurs eaux dans les quartiers voisins de la capitale.

45. **Terrains fissurés.** — Les terrains calcaires et gréseux ne se laissent pénétrer que très difficilement par l'eau ; mais ils sont traversés par de nombreuses fissures,

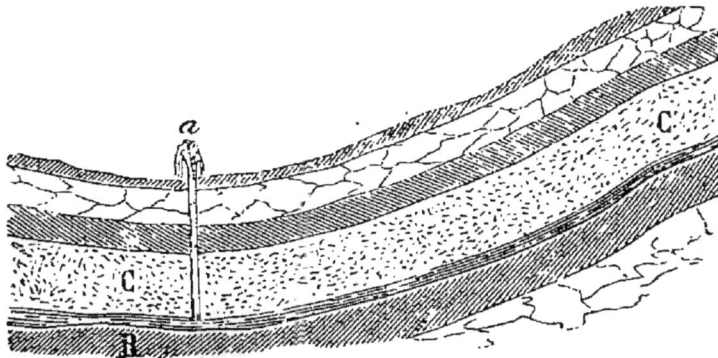

Fig. 205.   Puits artésien.

dans lesquelles le liquide s'engage et parcourt de longs trajets, agrandissant les fentes, formant des réservoirs ou des grottes, provoquant parfois des effondrements, et venant sourdre ensuite, sous forme de sources limpides et assez régulières, à la surface du sol.

46. Les *grottes* et les *galeries souterraines* des Causses et du Jura s'ouvrent ordinairement dans des assises calcaires, sur le flanc des vallées ; elles sont souvent parcourues par de faibles cours d'eau et servent alors de source à une rivière. Leurs dimensions gigantesques témoignent d'actions mécaniques très puissantes, et sont la preuve manifeste d'*un régime où les eaux pluviales, extraordinairement abondantes, devaient venir s'engouffrer dans les fissures* de ces régions pour les agrandir, et leur

donner les proportions grandioses qu'elles ont aujour-
d'hui.

EAUX DE RUISSELLEMENT

47. Érosion sur les pentes. — Quand les eaux pluviales
viennent à tomber sur des pentes meubles très rapides, elles
ruissellent à la surface du sol, et se dirigent vers la vallée
par une infinité de petites rigoles.
Elles ruissellent également et se
comportent de la même manière,
quelle que soit la pente, quand
elles tombent sur des surfaces
imperméables.

Dans l'un et l'autre cas, les
eaux de ruissellement se livrent
à un travail d'érosion qui entraîne
vers le fond les parties les moins
résistantes des pentes. C'est ainsi
qu'ont été isolés, grâce à l'érosion des sables qui les environ-
naient, les blocs de grès de la fo-
rêt de Fontainebleau ; c'est ainsi
encore que se sont formées les
pyramides de Saint-Gervais en

Fig. 266. — Pyramides
de Saint-Gervais.

Savoie (fig. 266), hautes aiguilles de terre surmontées
par un bloc solide qui les protège encore contre la pluie
et qui les protégea, dès l'origine, contre le travail d'érosion circonvoisin.

48. Torrents. — Quand les surfaces soumises au ruissellement aboutissent à un *bassin de réception* en forme
de cirque, les eaux qu'elles reçoivent se concentrent rapidement et donnent naissance, si la pente est assez rapide,
à un *cours d'eau temporaire* dont les effets mécaniques
sont des plus violents.

Ces cours d'eau temporaires, à pente rapide, sont appelés *torrents* (fig. 267). Les eaux qui s'accumulent dans
leur bassin de réception (B) descendent vers la vallée par

un *canal d'écoulement* (L) qu'elles se sont creusé dans les parties les plus déclives et les moins résistantes du sol. Elles *affouillent* et modifient constamment ce canal, grâce à leur vitesse, qui est en moyenne de 14 mètres par seconde, grâce aussi aux matériaux solides qu'elles entraînent, et qui sont parfois représentés par des blocs très durs et énormes.

49. Dès qu'elles atteignent une vallée assez large, les eaux torrentielles s'y épanchent, deviennent moins rapides, abandonnent les matériaux qu'elles charriaient, et forment ainsi un *cône de déjection* (c) qui s'étend de plus en plus dans la vallée. A mesure qu'il creuse son lit et qu'il augmente son parcours, le torrent diminue sa pente et perd une partie de sa puissance mécanique; il finit de la sorte par acquérir un régime plus calme, qui permet à la végétation de se développer sur les débris accumulés de son cône.

Fig. 267. — Schéma d'un torrent.

50. Les torrents sont fréquents dans les montagnes nues et provoquent les crues désastreuses des grands cours d'eau; le déboisement favorise leur formation, en enlevant les seuls obstacles susceptibles de s'opposer au ruissellement des eaux.

CHAPITRE XXXII

Phénomènes actuels ; effets qu'ils produisent ; ce qu'on peut en déduire relativement à l'action des phénomènes anciens (suite).

LES COURS D'EAU PERMANENTS

51. Établissement d'un cours d'eau. — Alimentés par les torrents, par le ruissellement direct et par les sources, les *cours d'eau permanents,* ruisseaux, rivières ou fleuves, conduisent à la mer les eaux pluviales et lui restituent, sous la forme liquide, les vapeurs qu'elle a émises. Cette course incessante des eaux des hauteurs vers le bassin maritime où elles se perdent, a pour cause unique la pesanteur : pour atteindre l'état d'équilibre vers lequel elles tendent, ces eaux tombent, pour ainsi dire, de la montagne à la mer, *cherchant constamment à prendre un niveau horizontal,* et utilisant la force mécanique qu'elles doivent à leur chute pour façonner leur lit et *le rapprocher le plus possible de ce niveau.*

52. C'est au moment de leur formation que les cours d'eau produisent les effets mécaniques les plus grands; après avoir choisi la ligne continue de dépressions qui doit les conduire à la mer, ils s'y *creusent* un lit dont ils *affouillent* constamment les parois; ils agrandissent de la sorte, en profondeur comme en largeur, la vallée qu'ils ont choisie. Pendant cette période de *creusement des vallées* (fig. 268), les cours d'eau produisent le même travail que les torrents et, pour cette raison, sont appelés *torrentiels.*

53. Quand ils ont donné à leur lit son développement maximum, les cours d'eau torrentiels acquièrent un régime

plus calme et, dans leur *lit majeur,* celui qui correspond
aux crues les plus grandes (L, fig. 268), se créent un lit
plus étroit, ou *lit mineur* (*l*), largement süffisant pour leur
débit ordinaire. Pendant la période où ils établissent leur
lit mineur, les cours d'eau sont qualifiés de *divagants :*
creusant sans cesse leurs rives concaves et déposant les
débris entraînés sur la rive convexe, ils deviennent si-
nueux, allongent de la sorte leur parcours et par conséquent se rapprochent de plus en plus de la position horizontale qui peut seule donner l'équilibre à leurs eaux.

54. Les cours d'eau qui, en temps ordinaire, n'attaquent plus sensiblement les berges de leur lit mineur, sont

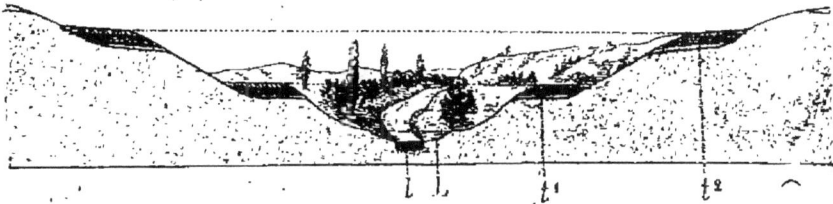

Fig. 268. — Coupe verticale d'une vallée d'érosion.

l, lit mineur occupé par la rivière. — L, lit majeur. — *t*¹, *t*², terrasses successives
déposées par le cours d'eau aux époques antérieures où son débit était beaucoup plus
grand.

dits à l'*état de régime ;* ils se bornent alors à déplacer vers
l'aval les limons les plus fins de leur lit, et cessent même
presque tout travail quand ils sont à l'*étiage,* c'est-à-dire
à leur niveau le plus bas. A l'époque des *crues,* ils produisent parfois quelques effets mécaniques plus intenses,
mais ces effets sont éphémères comme les crues elles-
mêmes et peuvent, tout au plus, modifier légèrement le
parcours de la rivière.

55. Pour qu'un cours d'eau puisse atteindre l'état de régime à peu près complet, il faut qu'il soit alimenté, ainsi
que ses affluents, par des terrains perméables ou finement fissurés, qui retiennent et abandonnent lentement les
eaux pluviales. La Somme peut être citée comme le type
de ces rivières stables; son débit, à l'époque des crues,
est quatre fois seulement celui de l'étiage. La Seine est

un fleuve moins constant, à cause des rivières torrentielles qu'elle reçoit du Morvan, et qui peuvent porter de 1 à 20 et au delà le rapport entre l'étiage et les plus grandes crues. La Loire présente des différences analogues, mais encore plus grandes, car elle reçoit de nombreux torrents des Cévennes et du Massif central. Quant au Rhône, il affecte une allure torrentielle jusqu'au lac de Genève, qui lui sert de *régulateur* : il en sort calme comme la Somme, mais reçoit bientôt de nombreux affluents à régime variable, de sorte que le rapport entre l'étiage et

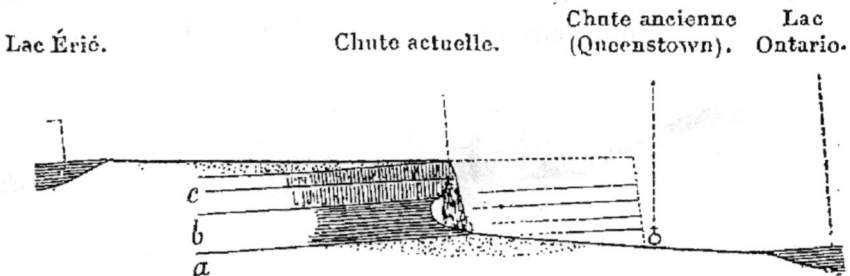

Fig. 269. — Cataracte du Niagara (coupe théorique).

les crues devient de 1 à 20 au niveau de Lyon, et de 1 à 28 au point où débouche la Durance.

56. **Effets mécaniques.** — Les rivières soumises à un régime torrentiel produisent des affouillements, quand elles rencontrent des massifs fissurés ; elles s'y frayent un passage et y creusent des tranchées étroites et profondes, comme celles que traverse le Fier, près d'Annecy, comme les pittoresques gorges des Causses, comme les célèbres cañons du Colorado (fig. 270), dont les parois verticales atteignent parfois 1,800 mètres de hauteur.

57. La roche est-elle trop résistante pour se laisser entamer, le cours d'eau coule à sa surface et, après l'avoir franchie, se précipite en *cascade* ou en *cataracte* sur les terrains moins compacts situés plus bas. Souvent la roche est moins résistante à la base qu'au sommet ; elle s'affouille alors par le pied sous l'influence des eaux qui tombent, et se creuse de plus en plus, jusqu'au moment où la corniche

en surplomb s'écroule et fait reculer la chute d'eau. C'est par ce procédé que la cataracte du Niagara s'éloigne du lac Ontario et se rapproche du lac Érié (fig. 269).

58. Les matériaux charriés par les rivières sont d'autant plus nombreux et plus gros que la vitesse du cours d'eau est plus grande. Une vitesse de 1^m,80 à la seconde suffit pour déplacer des pierres plates; une vitesse de 1^m,20, pour déplacer des cailloux gros comme un œuf; une vitesse de 0^m,70 entraîne le gravier, et une vitesse de 0^m,20 le sable fin.

Fig. 270. — Cañon du Colorado.

Or, non seulement la vitesse d'un cours d'eau n'est pas la même sur toute l'étendue de son parcours, mais elle varie encore en un endroit donné; en raison de la résistance du lit, en effet, la vitesse de l'eau est plus grande au milieu que sur les bords, et deux fois plus grande à la surface qu'au fond.

On comprend dès lors combien sont variables les *alluvions* que dépose un fleuve aux différents points de son lit : en amont, aux points où la vitesse est encore grande, ce sont des galets préalablement roulés et arrondis par des eaux rapides; plus bas, ce sont des graviers; plus loin encore des sables, et, quand la vitesse descend vers le fond au-dessous de 0^m,20, de fines particules de limon. Quels que soient d'ailleurs les points considérés, les dépôts seront moins abondants au milieu que sur les bords, parce que la vitesse y est plus grande.

59. A l'époque des crues, les eaux sont plus chargées de matières solides et inondent fréquemment la plaine avoi-

sinante. A peine sorties de leur lit, elles abandonnent les corps solides les plus gros, puis les graviers et les sables, et partout ailleurs un limon fertilisant, c'est-à-dire des particules extrêmement fines d'argile, de calcaire et de matières organiques, qui viennent augmenter la couche de terre végétale. C'est pour recueillir ce limon que les paysans provençaux pratiquent, sur les bords de la Durance, l'opération connue sous le nom de *colmatage :* à l'époque des crues, ils canalisent l'eau limoneuse du cours d'eau et la dirigent sur les terres, où elle dépose ses alluvions fertilisantes. C'est aussi à un véritable colmatage que se livrent les Égyptiens avec les eaux non moins riches qu'amènent, chaque année, les inondations du Nil.

Quand on endigue les rivières chargées de limon, elles exhaussent leur lit en y déposant leurs alluvions et finissent toujours par déborder; c'est ainsi que le Pô est arrivé, dans certains points, à couler à plusieurs mètres au-dessus des plaines voisines du Piémont.

60. Cours d'eau anciens. — Les dimensions gigantesques des cañons du Colorado (fig. 270) et celles, plus réduites, des cañons des Causses contrastent étrangement avec le volume des cours d'eau qui traversent ces gorges, et témoignent d'*une époque où le débit des fleuves était autrement puissant qu'aujourd'hui.* C'est ce que prouve également une étude attentive des rivières actuelles : la Seine, qui peut à peine entraîner du sable fin, roulait autrefois des graviers et des galets qu'on trouve encore dans son lit; elle avait alors un débit énorme, et déposait sur les pentes de sa vallée (fig. 268), à une grande hauteur, des couches épaisses d'alluvions (t^1, t^2), aujourd'hui recouvertes par la terre végétale.

61. Deltas. — Les fleuves débouchent dans la mer par une échancrure de la côte, appelée *estuaire.* En arrivant dans cette échancrure, où elles s'étalent sur une large surface, les eaux des fleuves deviennent moins rapides et laissent déposer les alluvions qu'elles avaient pu

entraîner jusque-là. Dans les *mers à marée,* ces alluvions
ne risquent ordinairement pas d'encombrer l'estuaire;
elles sont chaque jour balayées par le flot et vont former à
quelque distance dans la mer, sous l'influence précipitante
de l'eau salée, un dépôt sous-marin que les navigateurs
désignent sous le nom de *barre.*

Pourtant, si le fleuve charrie au moment des crues une
grande quantité de limon, la barre (fig. 271, *b*) sera
suffisamment puissante pour résister au flot, aux courants littoraux et à la marée; elle s'élè-
vera bientôt jusqu'à la surface et fer-
mera complètement l'estuaire, sauf en
un ou plusieurs points destinés au
passage des eaux. Une fois protégé
par la barre contre l'invasion de la
marée et des vagues, l'estuaire con-
servera ses dépôts et se transformera
en un terrain d'alluvions, au milieu du-

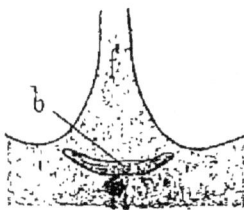

Fig. 271. — Estuaire et
sa barre (schéma).

quel on verra quelques branches se diriger vers la mer.
Localisées dans l'espace triangulaire qu'occupait l'estuaire comblé, ces branches figureront elles-mêmes un
dessin triangulaire; elles auront pour point de départ le
fleuve lui-même (*f*), qui aboutit au sommet du triangle, et
se diviseront peu à peu en s'approchant de la mer. La
figure triangulaire que forment alors, dans l'estuaire
comblé, les branches terminales du fleuve, a fait donner
à leur ensemble le nom de *delta* (la lettre *d,* en grec, est
représentée par un triangle [Δ] et porte le nom de *delta*).

C'est ainsi qu'ont pris naissance, dans des mers à marées bien caractérisées, le delta du Gange, les deltas des
fleuves de l'Inde et celui du Mississipi. Une fois leur
estuaire comblé, tous ces fleuves ont déposé leurs troubles
dans la mer, et empiété peu à peu sur elle. Le Mississipi
est, à ce point de vue, particulièrement remarquable; ses
alluvions envahissantes forment une sorte de patte d'oie
et sont traversées par les bras terminaux du fleuve
(fig. 272).

62. Dans les *mers dépourvues de marée*, les vagues viennent seules balayer l'estuaire et ne suffisent généralement pas à enlever les alluvions qui s'y déposent. Ainsi se forment les deltas dans toutes les mers plus ou moins fermées, la Méditerranée et la mer Baltique notamment. Une fois l'estuaire rempli, les deltas de ces mers s'avancent ensuite vers le large, comme ceux du Mississipi et du Gange. Le delta du Nil progresse très lentement, parce que le fleuve abandonne la plupart de ses alluvions aux cultures échelonnées sur son parcours ; mais celui du Rhône a une marche plus rapide et gagne environ 57 mètres par an, à l'extrémité du grand bras du fleuve.

L'ancien estuaire du Rhône dépassait de beaucoup la Camargue et s'étendait vraisemblablement jusqu'à Aigues-Mortes ; dans l'antiquité, le delta qui occupe sa place n'avait pas moins de sept branches ; mais il s'est simplifié

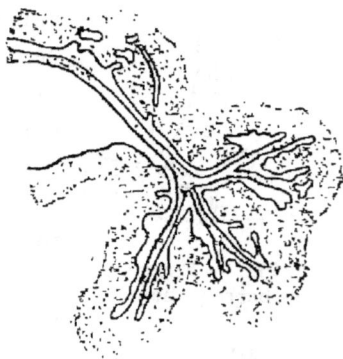

Fig. 272. — Delta du Mississipi.

peu à peu depuis lors, et de nos jours on n'en compte plus que deux, le Grand Rhône et le Petit Rhône (voir les atlas).

63. C'est, en effet, un caractère commun à tous les deltas de changer constamment de dimensions et de forme. Au milieu des terrains sans consistance qu'elles ont déposés, leurs branches s'ouvrent aisément de nouveaux chemins à l'époque des crues ; pour peu que ces voies nouvelles soient plus favorables que les anciennes à l'écoulement de l'eau, elles continuent de fonctionner ensuite, se développent peu à peu aux dépens des autres, et finissent par conduire à la mer la totalité de l'eau du fleuve.

CHAPITRE XXXIII

Phénomènes actuels, effets qu'ils produisent ; ce qu'on en peut déduire relativement à l'action des phénomènes anciens (suite).

II. — ACTION DE L'EAU A L'ÉTAT SOLIDE

64. Que les précipitations atmosphériques arrivent sur le sol à l'état de pluie, ou qu'elles y tombent à l'état de neige, elles n'en sont pas moins soumises à toutes les variations de température, et peuvent, par conséquent, à tour de rôle revêtir la forme solide ou la forme liquide.

Les roches de toute nature, surtout quand elles présentent un certain degré de porosité, subissent des modifications profondes sous l'influence de ces alternatives de gelée et de dégel ; elles acquièrent alors les caractères des pierres dites *gélives,* se fendillent quand l'eau dont elles sont imprégnées se dilate pour se transformer en glace, se délitent dès qu'arrive le dégel, et produisent de la sorte des fragments de toutes dimensions.

Tous ces débris sont repris et entraînés par les eaux pluviales ; les plus gros s'amassent en talus au pied des escarpements, d'autres vont se transformer un peu plus loin en terre végétale, une partie enfin est emportée dans les rivières et va se déposer en aval sous la forme d'alluvions.

Les glaciers (fig. 274).

65. **Neiges perpétuelles.** — Les précipitations atmosphériques qui tombent sous la forme de neige, sont soumises à l'action calorifique des rayons solaires et, à

de faibles altitudes, fondent plus ou moins rapidement. A mesure qu'on s'élève sur les montagnes, la fusion de la neige s'effectue avec plus de lenteur, et l'on arrive enfin à un niveau où elle n'est jamais complète. Ce niveau sert de limite inférieure aux *neiges perpétuelles;* il varie *avec la latitude* et *avec l'abondance* des précipitations atmosphériques, s'abaisse vers la plaine quand celles-ci augmentent, remonte vers les sommets quand elles diminuent.

La limite inférieure des neiges perpétuelles s'abaisse quand la *latitude* augmente ; elle est à 4,700 mètres d'altitude sous les tropiques, à 2,800 mètres dans les Alpes, et atteint le niveau de la mer dans le Groënland.

66. L'influence de *l'humidité de l'air* sur la formation des neiges perpétuelles se manifeste avec une grande évidence dans certaines régions du globe, entre autres dans les monts Himalaya et dans les Pyrénées.

Sur le versant méridional de l'Himalaya, où arrivent en ligne droite les vents très humides du golfe du Bengale, la limite inférieure des neiges éternelles atteint 4,900 mètres ; sur le versant septentrional, que balayent les vents secs du nord ou les vents du sud privés de leur humidité, elle remonte au contraire à 5,700 mètres, bien que la latitude soit plus élevée et le froid plus intense. — Les Pyrénées ressemblent, à plus d'un titre, au flanc septentrional de l'Himalaya : les vents qui les frappent sont ordinairement secs, soit qu'ils viennent du nord, soit qu'ils arrivent de l'Océan après avoir condensé leur vapeur d'eau sur les chaînes transversales de l'Espagne ; aussi les neiges persistantes sont-elles plus rares, et remontent-elles à des niveaux plus élevés, dans le massif pyrénéen que dans les Alpes.

67. **Transformation des neiges perpétuelles en névé.** — Sur les hauts sommets, les rayons solaires ont peu d'efficacité calorifique ; ils frappent les cristaux de neige sans les fondre et leur permettent de s'accumuler en une poussière fine et sans consistance. Plus bas, un com-

mencement de fusion se fait déjà sentir, et transforme les cristaux en petits granules que soudent entre eux les gouttelettes produites par la fusion.

Les neiges pulvérulentes des hauteurs, et celles plus compactes où la fusion commence à se faire sentir, sont entassées par les vents dans des bassins de réception, où elles se précipitent en outre sous la forme d'avalanches. Ainsi accumulée dans une sorte de cirque ouvert, la neige constitue ce qu'on appelle un *névé* (fig. 274, *n*), c'est-à-dire une masse solide et opaque où les granules neigeux sont très cohérents, bien que séparés les uns des autres par un grand nombre de vides.

Dans les Alpes, les champs de névé commencent à prendre une allure bien caractéristique vers 3,300 mètres.

68. Transformation du névé en glacier. — A mesure que l'altitude diminue, la température augmente, et avec elle augmente aussi la fusion des granules du névé : l'eau de fusion s'interpose dans les vides entre les granules et augmente la cohésion du névé en se congelant.

69. Les parties de la masse où la température est le plus haute subissent aussi les plus fortes pressions; elles sont, en effet, plus basses que les autres, et supportent le poids énorme du champ de névé qui tend à glisser, suivant la pente de son bassin, de la montagne vers la plaine. Or, si l'on se rappelle que la glace fond d'autant plus facilement qu'elle est soumise à des pressions plus fortes, et que, grâce à ces pressions, elle peut même *se liquéfier au-dessous de zéro,* on comprendra aisément que la fusion du névé doive être particulièrement intense dans ses parties les plus basses, parce que ces parties sont, de toutes, les plus comprimées. — Si l'on se rappelle, en outre : d'une part, que la fusion de la glace nécessite une grande absorption de chaleur ; de l'autre, que la température des névés ne peut être supérieure à zéro, on comprendra aussi que l'eau de fusion doive se solidifier dans les vides où elle échappe à la pression, et que ce *regel* immédiat augmente, de son côté, la cohésion de la masse

Ainsi s'accroissent, sous l'influence de la température et de la pression, la compacité et la cohésion du champ de névé; à mesure que diminue l'altitude, il perd son aspect opaque et sa structure grenue pour se transformer en une glace encore criblée de bulles d'air; peu à peu ces bulles disparaissent à leur tour, et l'on arrive enfin, par toutes les transitions, à la glace bleuâtre, si belle et si homogène, qui constitue les *glaciers*.

70. Mouvement des glaciers. — Le bassin de réception du névé se prolonge sur les pentes de la montagne par une série continue de dépressions, qui rappellent les gorges suivies par les torrents. C'est au fond de cette gorge que le névé se transforme en glacier, et c'est par là aussi que le glacier se prolonge vers la plaine.

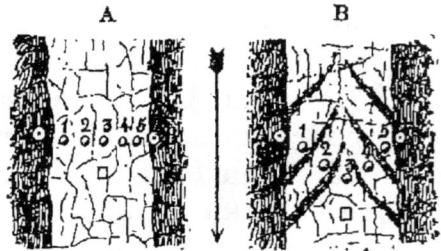

Fig. 273. — Mesure de la vitesse d'un glacier.

Muni d'un lit et alimenté par un bassin de réception, le glacier ressemblerait de tous points à un cours d'eau, n'était l'immobilité, en apparence absolue, de sa masse. Mais cette immobilité n'est pas réelle; le glacier se déplace lentement vers la vallée, déposant à sa partie inférieure les fragments de roche qu'il apporte des hauts sommets, et tous les corps solides abandonnés à sa surface. En 1861, on trouva près de Chamounix, au pied du glacier des Bossons, les vêtements des victimes qui avaient péri, en 1820, sur le haut plateau du mont Blanc.

Ce mouvement de descente a pour cause principale le phénomène du regel : grâce à l'énorme pression qu'exerce le glacier sur son lit, la glace fond aux points où elle touche le rocher, reprend l'état solide dans les interstices, et acquiert ainsi une sorte de plasticité qui lui permet de se mouler exactement sur les parois encaissantes.

71. On peut déterminer la vitesse d'un glacier en éta-

13.

blissant, à partir des deux rives (fig. 273), une série de points de repère disposés en ligne droite (A), et en mesurant, par intervalles, la distance qui sépare les repères fixes des bords de ceux situés à la surface du glacier (B).

On a trouvé, de la sorte, que les glaciers se déplacent plus vite à la surface que sur le fond, et au milieu que sur les bords. Ces différences de vitesse sont dues à la résistance des parois du glacier ; elles se retrouvent également dans les rivières, et complètent ainsi le parallèle qu'on peut établir entre les glaciers et les cours d'eau.

72. Il existe, toutefois, entre les glaciers et les cours d'eau deux différences essentielles : la première, c'est que la vitesse des glaciers est infiniment moins grande que celle des cours d'eau, et ne dépasse guère quelques centaines de mètres par an ; la deuxième, c'est qu'elle est influencée favorablement par la température, un glacier, comme la Mer de glace, par exemple, pouvant avancer de 1ᵐ,58 par jour en été, et de 0ᵐ,46 en hiver. Il est donc vrai de dire, avec M. de Lapparent, « qu'un glacier se comporte comme un *fleuve imparfait, dont l'analogie avec les eaux courantes croît à mesure que la température s'élève.* »

73. **Effets mécaniques produits par les glaciers.** — Grâce à leur mouvement continu de translation, les glaciers jouent le rôle d'agent de transport, au même titre que les cours d'eau. Les blocs et les débris que les avalanches et les éboulements entraînent à leur surface s'accumulent aux points où la vitesse est moindre, c'est-à-dire sur les bords, et y forment des *moraines latérales* (fig. 274, *l*) qui se déplacent avec la vitesse du glacier. Quand deux glaciers viennent se réunir dans la même gorge, ils confondent leurs moraines latérales contiguës et forment ainsi une *moraine médiane* (*m*).

Malgré sa plasticité assez grande, le glacier ne se prête pas sans ruptures aux variations de forme et de dimension de son lit ; de là des *crevasses* (fig. 273, B) de diverses formes, dans lesquelles tombent et s'amassent une partie des matériaux situés à sa surface. Ces matériaux finissent

par former une sorte de *moraine de fond*, et, grâce au regel,
par être enchâssés à l'intérieur de la glace elle-même ;
ils représentent alors autant de burins qui polissent et
donnent des surfaces *moutonnées* aux roches encaissantes,
y creusent des *stries* caractéristiques, et produisent sur le
fond une *boue gla-
ciaire* très abon-
dante, qui rend
trouble et laiteuse
l'eau émise par
les glaciers.

**74. Régime des
glaciers.** — Ali-
menté par les nei-
ges des hauteurs,
qui s'accumulent
dans son névé
(fig. 274, *n*) com-
me dans un ré-
servoir, le glacier
est soumis d'au-
tre part à une fu-
sion continue, qui
augmente avec la
température, et

Fig. 274. — Schéma d'un glacier.

qui atteint son maximum dans la partie du glacier la plus
rapprochée de la plaine. En ce point, toute la glace appor-
tée est plus ou moins rapidement fondue ; *l'alimentation,*
comme on dit, *est égale à l'ablation,* si bien que le glacier
se termine brusquement et abandonne, sous la forme de *mo
raine frontale* (fig. 274, *f*), tous les matériaux qu'il entraîne.

De cette lutte entre l'alimentation et l'ablation résultent
les déplacements, depuis longtemps connus, de l'extrémité
inférieure des glaciers. Les glaciers alimentés par de
puissants névés, comme la Mer de glace et le glacier des
Bossons, au mont Blanc, s'avancent très loin dans la vallée et pénètrent même au milieu des cultures ; les glaciers

peu nourris, comme ceux des Pyrénées, restent au contraire confinés sur les hauteurs.

75. Les glaciers *alimentent les grands cours d'eau* et
jouent un rôle des plus importants en *en régularisant le
débit*. Durant les étés chauds et secs, ils leur fournissent de l'eau en abondance; mais, pendant les saisons
humides et pluvieuses, ils fondent beaucoup moins rapidement, et emmagasinent dans leurs névés des masses de
neige qui serviront à l'alimentation ultérieure. D'après
M. Forel, il faut vingt ans et plus pour qu'une année
pluvieuse se fasse sentir dans la plaine par un déplacement en avant de l'extrémité des glaciers.

76. **Glaces polaires.** — Dans les régions arctiques, les
neiges perpétuelles descendent jusqu'au niveau de la mer
et viennent plonger dans celle-ci sous la forme de glaciers.
Comme ils recouvrent les continents polaires d'une
sorte de *calotte* de glace continue, les glaciers arctiques
ne reçoivent pas à leur surface de débris rocheux importants; ils n'ont pas de moraines superficielles, et entraînent simplement, dans leur profondeur, un mélange de
boue et de pierres qui strient, moutonnent et polissent
les roches qu'elles rencontrent.

En arrivant à la mer, les glaces abandonnent leurs débris de fond, puis, pressées de bas en haut par l'eau salée,
plus dense, elles se brisent et forment des *icebergs,* c'est-
à-dire des montagnes flottantes de glace.

77. Aux icebergs se mêlent les *banquises,* produites
par la congélation des eaux superficielles de l'Océan.
Dans les régions arctiques, les banquises sont beaucoup moins hautes que les icebergs; ces derniers peuvent dépasser l'eau de 150 mètres et former par conséquent des masses de glace de 1,000 mètres de hauteur,
tandis que les plus hautes banquises arctiques ne dépassent pas 30 mètres, partie immergée comprise. Malgré
leurs dimensions réduites, les banquises arctiques produisent des effets de transport bien plus puissants que
les icebergs; elles sont entraînées comme eux par les

courants, mais elles emportent et sèment le long de leur trajet les nombreux matériaux que les roches de la côte ont abandonnés à leur surface. Le grand banc de Terre-Neuve est tout entier formé par ces débris; il mesure 125,000 kilomètres carrés et s'élève à 200 mètres au-dessous de la surface, dans une mer qui atteint 2,600 mètres de profondeur.

78. Au pôle antarctique, où la température est plus froide, les banquises ne fondent pas, même à leur surface, et finissent par donner naissance à des masses de glace salée, hautes parfois de 300 mètres.

79. **Phénomènes glaciaires anciens.** — Les glaciers actuels ne sont rien, si on les compare à ceux qui ont existé autrefois : les anciens glaciers du mont Blanc, par exemple, ont strié les roches de ce massif jusqu'à de très grandes hauteurs et transporté leurs moraines jusqu'aux environs de Lyon, où on les retrouve encore.

A l'époque où les glaciers de nos régions s'étendaient si loin dans la plaine, les glaciers arctiques s'avançaient jusque dans les régions tempérées; ils ont laissé en de nombreux points de la Prusse et de la Russie leurs débris de fond caractéristiques, c'est-à-dire des boues entremêlées de cailloux anguleux ou roulés, semblables à ceux que charrient encore aujourd'hui les glaciers arctiques.

La présence de tous ces restes prouve manifestement qu'*une période glaciaire très active a dû précéder l'ère actuelle.*

CHAPITRE XXXIV

Phénomènes actuels, effets qu'ils produisent; ce qu'on en peut déduire relativement à l'action des phénomènes anciens (suite).

III. — ACTIONS COMBINÉES DE LA MER ET DE L'ATMOSPHÈRE

80. Les effets mécaniques produits par la mer sur les continents sont le résultat des *marées* et des *vagues,* c'est-à-dire de deux facteurs dont l'action se combine toujours étroitement avec celle de l'atmosphère. On sait en effet que les vagues sont soulevées par les vents, et que les marées les plus fortes sont ordinairement accompagnées des vents les plus violents.

81. **Érosion des côtes** (fig. 275). — C'est au moyen des lames qui rident sa surface que l'Océan produit ses effets mécaniques sur les continents. Ces lames sont le résultat direct de l'action des marées et des vents; elles peuvent atteindre par les gros temps 8 mètres de hauteur dans nos mers, 13 au milieu de l'Atlantique, et 18 dans les parages du cap de Bonne-Espérance.

L'agitation de la mer s'atténue très rapidement avec la profondeur et cesse d'être sensible au-dessous de 200 mètres; elle produit, par suite, son effet maximum aux points où les lames rencontrent le rivage.

Si la côte est une falaise abrupte, les lames viennent la frapper par le pied, et rejaillissent à de grandes hauteurs sous la forme de jets écumeux dont la hauteur est parfois prodigieuse. La puissance de la vague s'augmente alors de celle des matériaux solides qu'elle entraîne, et notamment des galets qui viennent, à grands coups, attaquer la falaise.

Ainsi minée par l'action incessante des eaux, celle-ci se détruit dans ses parties les moins résistantes, se découpe en pyramides isolées (fig. 275), forme des arceaux, ou se creuse à son pied, pour s'ébouler ensuite, quand les parties en surplomb sont devenues trop saillantes.

82. Quand on contemple la mer déchaînée, on pourrait croire très important le travail d'érosion produit par

Fig. 275. — Érosion de la falaise de Jobourg (Manche).

les lames, mais en réalité il n'en est rien : au Havre, il fait à peine reculer de 20 centimètres par an la falaise calcaire.

83. Une incursion lente et progressive de la mer dans les continents donnerait évidemment au travail d'érosion une intensité bien plus grande ; aussi est-on en droit de croire que *la mer n'a pas eu toujours la même fixité qu'aujourd'hui,* quand on voit l'immense quantité de dépôts sédimentaires qui constituent le globe et qui ont été, pour la plupart, arrachés par les eaux à des continents déjà formés.

84. **Dépôts détritiques marins.** — Les matériaux arrachés à la côte par les lames sont constamment remaniés par elles ; les plus gros et les plus résistants s'arrondis-

sent et se transforment en *galets,* les débris plus fins
constituent des *graviers* et des *sables,* les particules les
plus ténues des sédiments *vaseux.*

85. En avançant vers la terre, la lame possède assez
de force pour remuer les galets et pour les rouler sur le
rivage ; mais, au moment où elle commence à reculer, sa
vitesse devient nulle, et les galets retombent aux points
où elle les a poussés. Les graviers sont entraînés un peu
plus loin dans ce mouvement de recul, et plus loin encore
les sables, parce qu'ils sont assez fins pour rester longtemps en suspension dans l'eau. Quant aux particules
plus fines, elles vont se déposer vers le large, et forment

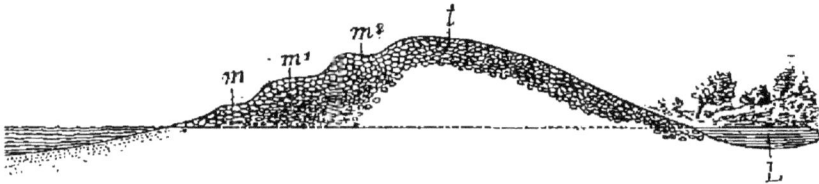

Fig. 276. — Cordon littoral et lagune.

autour des continents, jusqu'à 250 kilomètres de la côte,
une ceinture ininterrompue de vase argilo-calcaire.

86. **Cordons littoraux et lagunes.** — Il est rare que
les vagues frappent perpendiculairement une falaise et
se bornent à remuer constamment les galets à sa base;
le plus souvent elles ont une direction oblique et peuvent,
par conséquent, entraîner graviers et galets vers d'autres
points de la côte.

Ces matériaux solides sont naturellement abandonnés
aux points où la vitesse des lames s'amortit le plus rapidement, c'est-à-dire sur les parties les moins profondes
du rivage, plage peu inclinée ou échancrure de la côte
produite par un cours d'eau. Sur les *plages peu inclinées,*
les galets sont jetés aussi loin que possible par les lames, et forment, à la limite extérieure des marées d'équi-
noxe, un cordon très saillant (fig. 276, *m²*) que domine
un cordon (*t*) plus élevé produit par les tempêtes; le cordon équinoxial est séparé, par une terrasse, du cordon

que produisent les grandes marées de quinzaine (m^1), et ce dernier enfin de l'amas de galets des marées ordinaires (m). L'ensemble tout entier constitue un *cordon littoral* et protège les terres ou les eaux (L) voisines contre les incursions de la mer.

87. Quand elles rencontrent des *échancrures* (fig. 277) de la côte, les lames viennent se briser et perdre leur vitesse sur les parties peu profondes qui prolongent, au-dessous des eaux, les deux extrémités opposées de l'échancrure ; elles y déposent leurs galets et forment ainsi deux cordons littoraux (c) qui marchent à la rencontre l'un de l'autre.

Protégée de la sorte contre l'action des lames, l'échancrure devient une *lagune* et tend à se combler chaque jour, soit avec le limon des cours d'eau (f) qui viennent ordinairement y déboucher, soit par les vases que la mer (M) y apporte. L'établissement d'une lagune

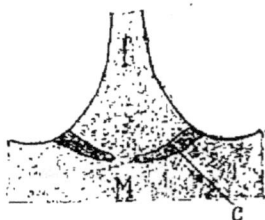

Fig. 277. — Figure théorique de la formation d'une lagune.

est donc le premier pas de la conquête des continents sur la mer ; bientôt, en effet, des herbes côtières poussent sur le sol de la lagune, l'affermissent et le transforment en *heller* peu consistant ; puis le heller est livré à la culture et devient un *polder* fertile. Le Zuyderzée, plusieurs parties de la Hollande et le littoral français depuis Aigues-Mortes jusqu'à Narbonne, sont occupés par des lagunes ou des polders. On trouve aussi des lagunes très développées dans l'Adriatique et dans la Baltique.

88. **Dunes.** — Des cordons littoraux entièrement sableux s'élèvent sur d'autres parties de la côte et constituent des séries de collines, appelées *dunes*.

Les dunes se forment de préférence sur les côtes basses, contre lesquelles le lit de la mer vient se terminer par une plage sableuse. Dès que le flot commence à se retirer, les couches superficielles de la grève se dessèchent, et leurs grains de sable, emportés par le vent sur la côte, vont s'accumuler en pente douce contre les obstacles (fig. 278, O), les recouvrent bientôt et forment autour de chacun d'eux le noyau d'une dune.

« De cette manière, dit M. de Lapparent, le sol se couvre d'une série d'ondulations (1, 2, 3) plus ou moins parallèles, comparables aux lames successives qui viennent déferler sur une plage doucement inclinée. Mais ces ondulations ne sont pas fixes, et leur destinée est de cheminer sans cesse » sous l'action du vent, qui les pousse dans les terres, et qui rejette constamment entre elles les matériaux de leur sommet.

Les *dunes maritimes* les plus belles occupent la ré-

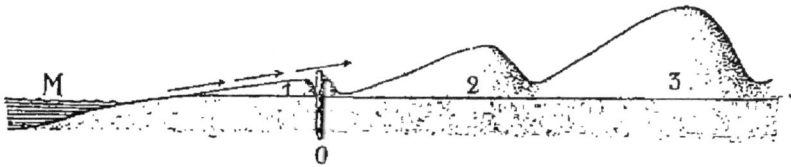

Fig. 278. — Formation d'une dune (figure théorique).

gion des Landes, depuis l'embouchure de la Gironde jusqu'à celle de l'Adour ; elles peuvent atteindre 80 mètres de hauteur. Ces dunes cheminaient de 20 à 25 mètres par année, engloutissant cultures et villages, quand l'ingénieur Brémontier trouva le moyen d'en fixer le sable en y faisant pousser de petites plantes très rustiques, et de les consolider définitivement en y établissant ensuite des plantations de pins.

89. Il existe de magnifiques *dunes continentales* dans le Sahara.

IV. — ACTION CHIMIQUE DES EAUX

90. Action des eaux pluviales. — Grâce au gaz carbonique qu'elles puisent dans l'air, les eaux pluviales sont capables de *dissoudre le calcaire* et de former des *carbonates alcalins avec les silicates minéraux feldspathiques.*

91. C'est aux eaux d'infiltration chargées de calcaire qu'il faut rapporter la formation des *stalactites* et des *sta-*

lagmites, qui donnent à certaines grottes un si bel aspect. Stalactites et stalagmites sont dues à l'évaporation lente des eaux qui tombent goutte à goutte dans les grottes, et sont constituées par des couches concentriques de carbonate de chaux cristallisé : les stalactites descendent du plafond en pendentifs ; les stalagmites s'élèvent à leur rencontre, et, quand les deux formations solides se confondent, elles produisent de charmantes colonnes calcaires (fig. 279).

Les *tufs* ont la même origine que les stalactites et les stalagmites, seulement ils se forment autour des végétaux implantés sur les roches, et doivent à

Fig. 279. — Grotte à stalactites et stalagmites.

cette circonstance l'aspect caverneux qui les caractérise.

92. L'action des eaux pluviales sur les feldspaths donne naissance à des carbonates alcalins et à des silicates d'alumine hydratés qui constituent le kaolin. Quand cette transformation se produit à la surface du granit, le quartz et le mica sont mis en liberté, et forment une arène sableuse que l'eau rend très vite homogène en entraînant le kaolin.

Beaucoup de concrétions calcaires, les tufs anciens et une petite partie du kaolin aujourd'hui exploité, se sont formés autrefois de la même manière, sous l'action des eaux pluviales.

93. **Action des eaux de la mer.** — Les eaux de la mer renferment à l'état de dissolution, non seulement les éléments minéraux qu'elles ont enlevés à leur lit, mais aussi ceux qu'y entraînent constamment les eaux continentales.

Quand elles s'évaporent naturellement dans des bassins étroits, comme on l'observe sur les bords de la Caspienne, dans la mer Morte et sur les bords du grand Lac Salé des États-Unis, leur carbonate de chaux se précipite d'abord, parce qu'il est peu soluble; ensuite se dépose le gypse, et en dernier lieu le sel marin avec les autres chlorures alcalins.

94. Le carbonate de chaux qui se dépose ainsi peut souder les éléments solides qu'il englobe et donner naissance à des roches; c'est ainsi que se forme de nos jours, à Folkestone, en Angleterre, une sorte de poudingue où les galets de la plage sont agglutinés par un ciment calcaire; *c'est ainsi,* également, *que se sont formés autrefois quantité de grès, de poudingues et de brèches.* Quand la précipitation du carbonate de chaux se produit sur des plages alternativement recouvertes par l'eau et desséchées par le soleil, le calcaire s'incruste,

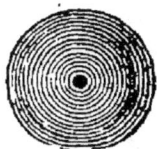

Fig. 280.
Coupe d'une oolithe.

en couches successives et concentriques, autour des grains de sable, et les transforme en sphérules qu'on appelle *oolithes* (fig. 280) à cause de leur ressemblance avec des œufs de poissons.

Les oolithes peuvent ensuite être cimentées par un dépôt plus abondant et forment alors un *calcaire oolithique.* Ces phénomènes se produisent fréquemment de nos jours, surtout au voisinage des récifs. *Ils avaient autrefois une importance beaucoup plus grande, et ont donné naissance aux masses énormes de calcaire oolithique des continents actuels.*

V. — ACTION DES ORGANISMES

95. La quantité de sel calcaire dissoute dans les eaux de l'Océan est trop considérable pour que les dépôts d'origine chimique la diminuent bien sensiblement; M. Murray a calculé, en effet, que les cours d'eau amènent chaque année dans la mer, à l'état de dissolution,

900,000,000 de tonnes de ces sels, et que l'Océan tout
entier n'en renferme pas moins de 600,000,000,000,000.
*C'est aux organismes de la mer qu'il appartient de s'empa-
rer de ces sels et de maintenir,* malgré l'apport incessant
des fleuves, *leur proportion à peu près constante :* ils les
assimilent à leur substance, les font entrer dans la composition de leur squelette ou de leurs coquilles et, après

Fig. 281. — Organismes coralligènes, réduits 4 fois.

leur mort, les abandonnent à la mer, qui les utilise pour
en former des roches.

96. Formations coralligènes. — Parmi les organismes
auxquels est dévolu ce rôle, il faut citer au premier rang
ceux qui, fixés sur le fond, édifient un squelette solide
aux dépens du calcaire contenu dans les eaux. A cause
de leur ressemblance extérieure avec le Corail, on les
désigne sous le nom général d'*organismes coralligènes*
(fig. 281) ; mais ils n'appartiennent pas tous à l'embranchement des *Polypes* comme ce dernier animal : quelques-
uns se rapprochent des Vers et rentrent dans la classe des

Bryozoaires; d'autres sont représentés par des *Algues calcaires* du groupe des *Nullipores.*

97. Les organismes coralligènes construisent de toutes pièces, et élèvent jusqu'à la surface de l'eau, les rochers durs et poreux qu'on appelle des *récifs.* Un récif ne saurait être l'œuvre de quelques organismes isolés ; il faut que des milliers et des milliers de ces êtres poussent et meurent sur la même surface pour édifier une formation solide de quelque importance.

Les récifs se forment dans les *eaux dépourvues de troubles,* au sein des mers tropicales dont la température ne descend jamais à *20° au-dessus de zéro* ; jamais il ne s'en édifie à des profondeurs *plus grandes que 37 mètres.*

Fig. 282. — Atoll du Pacifique.

Les organismes coralligènes poussant par le sommet à mesure qu'ils meurent par le pied, les récifs s'exhaussent peu à peu et finissent par atteindre le niveau des basses mers. En même temps, ils se consolident avec les menus débris que la mer introduit dans leurs interstices, puis ils s'élèvent au-dessus de l'eau, et finissent même par dépasser le niveau des hautes mers, grâce aux matériaux plus forts que la vague arrache à leur flanc, et qu'elle projette sur leur crête. La végétation s'établit ensuite sur la partie émergée, et le récif se transforme en îlot verdoyant.

98. Les récifs sont répandus dans les mers indo-pacifiques ; ils portent le nom de *récifs frangeants* quand ils sont situés au voisinage immédiat de la côte, de *récifs barrières* quand ils en sont séparés par un chenal, d'*atolls* (fig. 282) quand ils entourent une lagune centrale.

Les atolls sont vraisemblablement des récifs qui se sont établis sur un cône volcanique sous-marin ; comme toutes les formations coralligènes, ils se développent plus rapidement du côté de la haute mer, de sorte que leur bord extérieur dépasse seul la surface de l'eau.

99. Des récifs coralliens se rencontrent fréquemment sur le continent français et témoignent qu'*aux époques antérieures à la période actuelle une mer chaude recouvrait nos régions.*

100. **Dépôts marins formés par les organismes microscopiques.** — Des organismes microscopiques vivent en grand nombre dans la mer, et se forment un squelette aux dépens des matières minérales dissoutes dans ses eaux.

Parmi les espèces à squelette calcaire, il faut citer au premier rang les *Foraminifères;* après leur mort, ces êtres flottants tombent au fond de la mer et y constituent, avec leurs dépouilles, une boue blanche dont les éléments sont sensiblement les mêmes que ceux de la *craie.* Cette boue blanche se rencontre jusqu'à 4,000 mètres de profondeur; à des profondeurs plus grandes, la boue devient siliceuse, et se compose alors, presque exclusivement, de l'élégant squelette siliceux des *Radiolaires.*

101. *Des formations analogues se produisaient déjà dans les mers anciennes :* la *terre des Barbades,* par exemple, est due à des Radiolaires, et le *calcaire à Miliole* de Paris, à des Foraminifères. Les nombreux calcaires coquilliers du continent français sont également dus, pour une grande part, à des organismes marins, notamment à des Mollusques gastéropodes.

102. **Tourbières.** — La *tourbe* est aussi un dépôt d'origine organique; mais elle se forme dans les eaux douces et se constitue tout entière aux dépens de certains végétaux.

La tourbe est due, en effet, à la décomposition lente, *au milieu de l'eau,* d'un certain nombre de plantes très vulgaires; cette décomposition se faisant à l'abri de l'air, l'oxydation du carbone est toujours incomplète, et la tourbe complètement formée en renferme encore de 50 à 60 %. Elle est alors brune, poreuse, très légère quand elle est sèche, et brûle en dégageant une odeur forte et peu agréable.

103. Les plantes de la tourbe sont les *Carex,* plus connus sous le nom de laîches, et surtout les mousses du genre *Sphaigne.* Pour se développer en tourbières, ces plantes exigent une *température moyenne de 8° centigra-grades au maximum,* une *atmosphère humide,* de *l'eau par-faitement claire et lentement courante.* Elles croissent alors rapidement, poussent par le haut à mesure qu'elles périssent par le pied, attirent l'eau à elles, en vertu de leur pouvoir absorbant qui est très considérable, et donnent ainsi naissance à une *tourbière.* La croissance en hauteur de la tourbe peut atteindre 3 mètres par siècle, mais elle n'est pas indéfinie ; quand elle dépasse une certaine limite, l'eau cesse d'être aspirée jusqu'à la surface, les sphaignes meurent, les bruyères les remplacent, et la tourbière cesse de fonctionner.

Les tourbières sont fréquentes dans les pays tempérés un peu froids ; il y en a de très belles en France dans les montagnes du Jura, dans les Vosges et dans la vallée de la Somme.

104. Un combustible végétal analogue à la tourbe se forme dans la mer, aux points où les cours d'eau à crues violentes viennent ensevelir, sous leurs troubles, les arbres et les autres plantes qu'ils ont charriés. Ce phénomène se produit notamment, avec une certaine intensité, à l'embouchure du Mississipi ; il n'est pas sans intérêt, parce qu'*il permet de concevoir,* jusqu'à un certain point, *le mécanisme de la formation de la houille et des autres combustibles minéraux.*

105. Le *tripoli* a, comme la tourbe, une origine végétale. Il se formait autrefois, et se forme encore aujourd'hui, avec la carapace siliceuse de certaines algues microscopiques.

CHAPITRE XXXV

Phénomènes actuels, effets qu'ils produisent; ce qu'on en peut déduire relativement à l'action des phénomènes anciens (suite).

VI. — VOLCANS ET PRODUITS VOLCANIQUES

Les Volcans.

106. Le Vésuve et ses éruptions. — Le Vésuve (fig. 283, *b*) est une montagne conique située à une faible distance de la mer, à quelques milles au sud de Naples ; ses flancs sont occupés, jusqu'à une certaine hauteur, par les cultures les plus riches, entre autres par les vignes qui produisent le célèbre *lacryma-christi*; mais, à mesure qu'on se rapproche du sommet, la

Fig. 283. — Vue du Vésuve.
a, la Somma ; *b*, le Vésuve.

végétation s'appauvrit et bientôt disparaît complètement, faisant place à des blocs entassés, rugueux et noirâtres, d'une pierre plus ou moins poreuse appelée *lave*.

La montagne n'est pas un cône parfait; elle est tronquée à sa partie supérieure, et se termine par une dépression à laquelle on donne le nom de *cratère,* parce qu'elle ressemble à une coupe immense. Le fond du cratère est formé de laves ridées, rompues en fragments et bouleversées en un chaos inexprimable ; toujours des fumerolles asphyxiantes traversent ses milliers de fissures et vont former, en se condensant, un panache au-dessus de la montagne ; parfois même un petit cône s'élève sur le fond du cratère (fig. 284) et projette tantôt des vapeurs, tantôt des fragments pâteux d'une matière incandescente qui, par le refroidissement, se transforme en lave.

107. Mais le Vésuve ne reste pas toujours dans l'état de tranquillité relative que nous venons de décrire ; il a aussi des périodes de paroxysme et entre alors en *éruption*.

L'époque des éruptions est annoncée par un certain nombre de *signes précurseurs :* des grondements souterrains se font entendre, parfois le sol s'ébranle et les

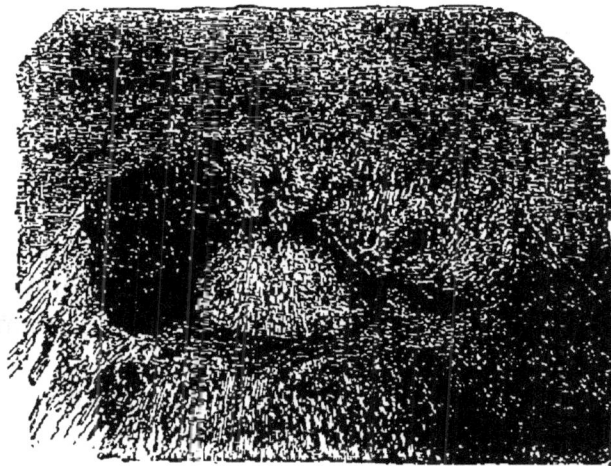

Fig. 284. — Cratère du Vésuve en 1863.

sources tarissent ; toujours l'émission de vapeurs augmente d'intensité.

Tout à coup des craquements se font entendre, les parois et le fond du cratère s'écroulent au milieu des laves liquides, et brusquement s'élève vers le ciel une colonne de fumée, souvent haute de 3,000 mètres, qui s'étale à sa partie supérieure de manière à figurer un pin parasol gigantesque. Cette colonne est composée de vapeurs d'eau et de gaz divers ; elle doit sa couleur sombre aux *cendres,* aux *pierres* et aux *scories* de toutes sortes qu'elle entraîne avec elle et qu'elle laisse retomber, comme une pluie de pierres, de son panache terminal. Pendant la nuit, la colonne réfléchit la lumière de la lave incandescente qui remplit le cratère ; elle resplendit de rougeurs embrasées, et l'on se rend alors très bien compte qu'elle est alimentée par des masses de vapeurs issues, avec explosion, du fond du cratère.

Bientôt un fleuve de feu ruisselle sur les flancs de la montagne ; c'est la *lave* qui s'échappe. A mesure qu'elle s'avance et va se solidifier vers la plaine, de nouveaux torrents viennent l'alimenter, et l'éruption continue ainsi, donnant au paysage un aspect à la fois terrifiant et grandiose. Peu à peu l'émission de laves liquides cesse, la colonne de fumée s'affaisse, et la montagne rentre dans sa tranquillité première, couronnée par le petit panache de *fumerolles* que forme, à son sommet, le dégagement continu de certains gaz et de vapeurs.

108. Caractères des volcans. — Le Vésuve est un *volcan,* c'est-à-dire un appareil naturel par lequel des matières incandescentes, situées dans les profondeurs du globe terrestre, sont rejetées à sa surface et viennent s'y solidifier.

Un volcan (fig. 285) se compose de plusieurs parties : 1° un *cône* saillant, formé par l'entassement des matériaux rejetés ; 2° une *cheminée centrale (c)* qui fait communiquer avec l'extérieur le foyer interne (I) de roches ignées ; 3° un *cratère* (C), c'est-à-dire une sorte de coupe immense qui termine le cône et en tronque l'extrémité.

109. Matériaux rejetés par les volcans. — 1° **Laves.** — Les laves sont les matériaux les plus caractéristiques des éruptions volcaniques. A l'état solide, elles présentent tous les caractères que nous avons reconnus précédemment aux roches ignées, ce qui nous permet de croire que *ces dernières ont dû être liquides comme elles.* Toujours elles sont constituées par une masse fondamentale de nature feldspathique ; mais tantôt cette masse renferme des cristaux visibles à l'œil nu qui lui donnent la texture et l'apparence d'un porphyre ; tantôt elle est, au contraire, exclusivement vitreuse, et constitue alors, soit des *obsidiennes,* soit des *ponces* volcaniques.

110. Quelquefois elles peuvent s'élever jusque dans le cratère, et s'écouler sur les flancs de la montagne par *débordement,* comme on l'observa au Vésuve en 1867 ; mais le plus souvent la pression sur les parois de la cheminée provoque la formation d'une *fissure* allant jusqu'au dehors et par laquelle s'échappe le torrent de laves. Les fissures latérales des volcans partagent avec le cône central la propriété de rejeter des vapeurs et des débris de toutes sortes ; aussi donnent-elles naissance à une série de *cônes adventifs* (fig. 285, V) échelonnés à diverses hauteurs sur les parois du volcan. Le 31 janvier 1865, une crevasse de 2,500 mètres de longueur se produisit sur les flancs de l'Etna,

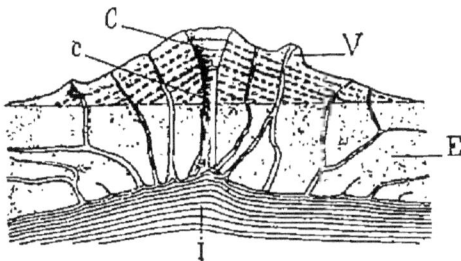

Fig. 285. — Coupe théorique d'un volcan.

et donna naissance à six cônes adventifs qui atteignirent rapidement 100 mètres de hauteur ; le 2 février, le fleuve de lave échappé de la crevasse débitait 90 mètres cubes par seconde et mesurait plus de 300 mètres de largeur ; il avait alors 6 kilomètres de longueur et formait sur son parcours une cascade de feu haute de 50 mètres.

111. La vitesse des laves augmente avec leur fluidité ; au Vésuve, certaines coulées avancent de 2 mètres, d'autres de 2 centimètres seulement par seconde. Les coulées fluides se prennent souvent en replis ondulés et constituent alors ces *laves cordées* et vitreuses dont les plus beaux types se trouvent à l'île Bourbon ; les coulées pâteuses, au contraire, se couvrent rapidement d'une couche de scories et acquièrent ainsi des surfaces rudes et raboteuses, semblables en tous points à celles que présentent les *cheires* des volcans éteints de l'Auvergne.

112. La croûte solide que le refroidissement produit à la surface des coulées se fait remarquer par sa mauvaise conductibilité pour la chaleur, et permet par suite à

la lave qu'elle recouvre de rester longtemps en liquéfaction : un bâton se calcine et s'enflamme dans les fissures d'une coulée sur laquelle on peut, sans inconvénient, marcher et poser la main.

113. 2° Matériaux solides projetés. — Les matériaux solides projetés par les volcans s'appellent, suivant leur grosseur, des *cendres,* des *sables,* ou des *scories;* ils proviennent tous de la solidification rapide des particules de laves qui sont entraînées dans l'air par les explosions. Quand elles se solidifient en tournoyant pendant leur chute, ces particules prennent la forme de masses ovoïdes, appelées *bombes,* qui sont striées en spirale à la surface.

114. 3° Fumerolles. — On désigne sous le nom de *fumerolles* les vapeurs et les gaz qui sont émis par le volcan lui-même ou par ses coulées de laves. Les plus chaudes ont une température supérieure à 500° et se dégagent les premières ; elles se composent surtout de vapeurs de sel marin, et prennent le nom de *fumerolles sèches.* Un peu plus tard apparaissent les *fumerolles acides,* dont la température est de 300 à 400° ; elles contiennent beaucoup de vapeur d'eau, de l'acide chlorhydrique et de l'anhydride sulfureux. Viennent ensuite les *fumerolles alcalines,* très riches en vapeur d'eau et en chlorhydrate d'ammoniaque ; puis les *fumerolles froides* ou *sulfhydriques,* ainsi nommées parce qu'elles se composent de vapeur d'eau à 100° et d'une petite quantité d'acide sulfhydrique. Les *mofettes* marquent le terme des dégagements gazeux et se composent surtout de gaz carbonique.

115. Quand on suit une éruption volcanique depuis son début jusqu'à son paroxysme, on observe un dégagement de fumerolles de plus en plus chaudes ; les fumerolles acides et alcalines se rencontrent dans la colonne de fumée, et les fumerolles sèches sur les coulées les plus récentes de laves. Inversement, la fin de l'éruption est caractérisée par une émission de fumerolles de plus en plus froides : le cratère du Vésuve émet continuellement

14.

des fumerolles alcalines et froides; mais beaucoup plus bas, sur les pentes de la montagne, se produisent des mofettes qui marquent la fin de l'éruption, et qui subsistent souvent plusieurs mois après elle.

116. Origine et structure du cône volcanique. — Un *cône volcanique* est formé, non point par un soulèvement du sol comme les montagnes ordinaires, mais par des couches de scories, de pierres et de cendres, que cimentent et soutiennent les *dykes* ou *filons* formés par les masses de laves injectées dans les fissures (fig. 285). Au moment des éruptions, quand les vapeurs projetées par le cratère se condensent, des pluies abondantes se précipitent sur les parois du cône, entraînent avec elles pierres et cendres, et vont former à la base des accumulations de boues qui, en se solidifiant, donnent naissance à des *tufs volcaniques.*

Le *cratère* (C) est tout simplement l'extrémité élargie de la *cheminée* (c) qui traverse le cône; ses dimensions et sa forme sont très variables, car une éruption suffit pour le combler et une autre pour l'agrandir. Après les périodes de repos très prolongées, les éruptions se font d'ordinaire remarquer par leur extrême violence et produisent parfois un immense cratère au sommet de la montagne. Quand le Vésuve, en l'an 79, se réveilla d'un sommeil qui avait duré toute l'antiquité, il manifesta son activité par une éruption formidable : Herculanum et Pompéi disparurent sous une pluie de cendres, et le sommet de la montagne, complètement détruit par les explosions, fut remplacé par un immense cratère. Les bords de ce cratère forment aujourd'hui, autour du Vésuve, un rempart demi-circulaire appelé la Somma (fig. 283, *a*), et le Vésuve actuel (*b*) n'est rien autre chose qu'un simple cône édifié après coup au centre même de l'ancien cratère.

Autres phénomènes volcaniques.

117. Les phénomènes volcaniques ne se manifestent pas toujours par des éruptions violentes; quand ils deviennent moins intenses, ils peuvent consister en dégagements gazeux permanents qui revêtent, suivant les lieux, l'une ou l'autre des formes que présentent les fumerolles émises par les volcans.

118. Solfatares. — Dans les *solfatares,* l'intensité des phénomènes volcaniques est encore très grande, et se manifeste par un dégagement permanent de vapeur d'eau, d'anhydride sulfureux et d'hydrogène sulfuré. Ce dernier gaz se décompose très rapidement à l'air, et donne naissance au soufre natif qu'on exploite dans les solfatares; quant à l'anhydride sulfureux, il se transforme en acide sulfurique sous l'action de l'air et de l'eau.

Fig. 286. — Grand geyser d'Islande.

Les solfatares sont d'anciens volcans dont les paroxysmes ont fait place, au moins pour une période assez longue, à des émissions gazeuses continues : la solfatare de Pouzzoles, près de Naples, n'a pas eu d'éruption depuis 1198, et des châtaigniers occupent actuellement son cône.

119. Geysers (fig. 286). — Les *geysers* sont à peu près dans la même phase d'activité que les solfatares ; seulement leurs émissions gazeuses rencontrent et échauffent les eaux d'infiltration qui s'accumulent dans la cheminée volcanique, et les projettent au dehors en hautes et magnifiques gerbes.

Les éruptions geysériennes présentent un double caractère; elles sont *intermittentes* et *brusques* : leur intermittence s'explique par le temps nécessaire à l'accumulation d'une nouvelle quantité d'eau dans la cheminée, leur *rapidité* par la formation brusque d'une énorme masse de vapeurs sur les points de la paroi où l'eau est particulièrement surchauffée.

En retombant sur le sol, les eaux des geysers donnent ordinairement naissance à des concrétions abondantes de silice hydratée. On explique ces dépôts en admettant que l'eau chaude des geysers dissout les silicates alcalins des roches, et que ces silicates abandonnent leur silice en présence des émanations geysériennes d'anhydride sulfureux et d'acide chlorhydrique. Les principaux geysers siliceux sont le grand geyser d'Islande et ceux du Parc national aux États-Unis.

120. Les eaux de certains geysers du Parc national déposent du calcaire au lieu de silice et ressemblent, à ce point de vue, aux eaux incrustantes de Sainte-Allyre, à Clermont-Ferrand, et surtout aux sources de Tivoli, en Italie, qui produisent les tufs compacts appelés *travertins*. Ces diverses eaux doivent leurs propriétés à l'action dissolvante du gaz carbonique qu'elles renferment, et qui provient, sous forme d'émanations, des profondeurs du sol.

121. Les *sources thermo-minérales* se rapprochent beaucoup des précédentes, mais l'action dissolvante qu'elles doivent à leur température et aux acides qu'elles renferment, s'est exercée sur des substances minérales susceptibles d'exercer une heureuse influence sur l'organisme. Celles de Vichy sont riches en gaz carbonique et en alcalis; elles viennent au jour avec une température de 35 à 40°, et déposent alors le travertin concrétionné qui forme le rocher des Célestins.

122. *Les travertins et beaucoup de roches siliceuses du bassin de Paris se sont formés autrefois par des procédés analogues* à ceux que nous venons de décrire.

123. Mofettes et salzes. — Dans les pays où l'activité volcanique est plus atténuée encore, elle se manifeste par un dégagement froid d'hydrocarbures gazeux, ou même par des mofettes, c'est-à-dire par de simples émissions de gaz carbonique. Les *mofettes* se produisent dans les régions volcaniques depuis longtemps éteintes, en Auvergne notamment et sur les bords du Rhin.

124. Les émissions d'hydrocarbures gazeux sont fréquemment accompagnées de projections boueuses, et donnent alors naissance à des volcans particuliers appelés *salzes*. Ces salzes se rencontrent en Italie près de Modène, et sur les bords de la mer Caspienne, près de Bakou. Dans cette dernière région, ils sont accompagnés par des émissions liquides de naphte et de pétrole.

CHAPITRE XXXVI

Phénomènes actuels, effets qu'ils produisent ; ce qu'on en peut déduire relativement à l'action des phénomènes anciens (fin).

VII. — CHALEUR CENTRALE, TREMBLEMENTS DE TERRE

Chaleur centrale.

125. Distribution géographique des volcans. — Les volcans sont toujours situés sur les grandes zones de dislocation du globe ; ils jalonnent, pour ainsi dire, une ligne *transversale* et trois grandes lignes *méridiennes* suivant lesquelles ces dislocations se sont particulièrement exercées.

126. La première ligne *méridienne* suit la côte occidentale du continent américain ; elle occupe la ligne de faîte de chaînes élevées qui plongent à une grande pro-

fondeur, par leur versant le plus rapide, dans les eaux orientales de l'océan Pacifique. Les principaux volcans situés sur cette ligne sont le Cotopaxi et le Pichincha dans l'Amérique du Sud; le Jorullo, les volcans de la Californie et ceux de la presqu'île d'Alaska dans l'Amérique du Nord.

La deuxième ligne suit les sommets plongeants, et presque tous insulaires, qui limitent à l'ouest les eaux très profondes du Pacifique; elle commence au sud avec les volcans de la Nouvelle-Zélande, puis se continue par ceux des Nouvelles-Hébrides, de la Sonde et du Japon, jusqu'aux volcans à demi éteints, mais encore fumants, du Kamtchatka et des îles Aléoutiennes. Avec la première, cette deuxième ligne entoure complètement le Pacifique, et forme autour de lui un *cercle de feu*.

La troisième ligne occupe les sommets insulaires d'une chaîne de montagnes sous-marine qui sert de limite orientale aux plus grandes profondeurs de l'Atlantique; elle est jalonnée par les volcans éteints de Sainte-Hélène et de l'Ascension, par ceux du cap Vert, par le volcan encore fumant de Ténériffe, puis par les volcans des Açores et de l'Islande.

127. Enfin la grande dépression *transversale* qui fait le tour du globe, parallèlement à l'équateur, est dominée par une série de saillies volcaniques, dont les principales sont les volcans des Antilles, des Açores, de la Méditerranée (Vésuve, Etna, îles Santorin), du Caucase et des îles de la Sonde, les volcans de la Polynésie, pour la plupart sous-marins, et les volcans insulaires des îles Sandwich et des Gallapagos.

128. On a depuis longtemps observé que les volcans sont particulièrement nombreux et actifs aux points où la dislocation transversale rencontre les lignes méridiennes de dislocation; nulle part, en effet, les volcans ne sont plus nombreux et ne manifestent une activité plus effrayante que dans les parties centrales de l'Amérique et dans les îles de la Sonde.

129. Chaleur centrale. — Le caractère essentiel des volcans étant de rejeter de la lave, c'est-à-dire de la pierre fondue, il est nécessaire d'admettre qu'il existe dans l'intérieur de la terre, pour les alimenter, des matières fluides soumises à une température extrêmement élevée.

Étant données l'immense étendue qu'occupent les régions volcaniques à la surface du globe, l'abondance des volcans dans certaines de ces régions et l'identité presque absolue des laves émises par des volcans extrêmement éloignés, il est impossible d'admettre, pour chaque centre volcanique, un noyau local de matières ignées. On se trouve ainsi amené à conclure que *le globe doit se composer d'une couche solide au-dessous de laquelle existe partout une couche continue ou un noyau d'éléments ignés.*

130. Cette hypothèse est corroborée par un certain nombre de faits, et notamment par l'étude des variations qu'éprouve la température dans les couches successives du globe.

C'est un fait connu depuis longtemps que la température des couches superficielles du globe subit le contre-coup des variations calorifiques extérieures, mais qu'elle finit par devenir *constante et indépendante de ces variations* à une profondeur déterminée. A Paris, cette température constante est réalisée à une profondeur de 10 mètres et atteint environ 10°; sous les tropiques, elle est plus élevée et se réalise à une profondeur plus faible; vers les pôles, on observe exactement le contraire.

A partir du niveau invariable, la température s'élève et *augmente rapidement avec la profondeur :* on sait, en effet, que la température est très élevée dans les puits de mine, et que les puits les plus chauds sont aussi les plus profonds : dans les mines de cuivre de Cornouailles, en Angleterre, on a pu constater qu'elle est de 16° à 73 mètres, de 21° à 227, de 23° à 329 et de 25° à 366. Des observations analogues ont été faites dans les puits artésiens, sous les tunnels et dans certains sondages très profonds : la température est de 28° au fond du puits artésien de

Grenelle, c'est-à-dire à 548 mètres de profondeur; elle était également de 28° au centre du Saint-Gothard, sous 1,700 mètres de montagne, pendant le percement du tunnel; enfin des sondages effectués à Schadebach, près de Leipzig, ont donné une température de 56° pour une profondeur de 1,716 mètres. Ce niveau est le plus bas qui ait jamais été atteint.

Toutes les observations effectuées dans cette voie ont permis de constater que la température varie assez régulièrement avec la profondeur, et qu'une augmentation de température de 1 degré correspond à une augmentation de profondeur qui oscille ordinairement, suivant les lieux, entre 42 et 55 mètres. Si, comme tout porte

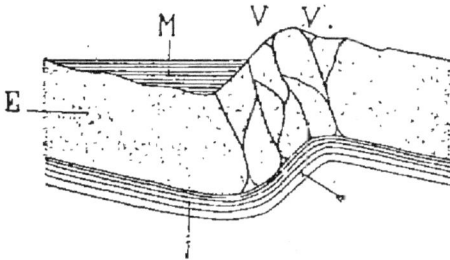

Fig. 287. — Plissement volcanique.

à le croire, cette augmentation de température se poursuit au delà de 1,700 mètres, on conçoit aisément qu'à une profondeur relativement assez faible, la température doive être suffisamment élevée pour maintenir à l'état fluide les matériaux constitutifs du globe. On se trouve ainsi ramené, par une autre voie, à l'*hypothèse du noyau igné,* à laquelle nous avait conduits la distribution géographique des volcans. Ce noyau commencerait vers 60 kilomètres de profondeur environ, et aurait une température voisine de 2,000°; mais ce ne sont là que des approximations sur lesquelles il est inutile d'insister.

131. Explication des éruptions volcaniques (fig. 287). — Le globe terrestre fait rayonner de la chaleur dans l'espace et emprunte cette chaleur à son noyau igné, qui est, dès lors, soumis à un *refroidissement* progressif. Ce refroidissement a un double résultat : il amène à la longue la solidification progressive des couches superficielles (E) du noyau igné (I) ; il provoque, d'autre part, la contraction de ce dernier et détermine un vide entre la croûte solide et le noyau.

Afin de rester toujours en contact avec le noyau igné, la croûte terrestre, devenue trop ample, doit fatalement se rider, c'est-à-dire s'affaisser suivant des lignes de dépression (M), et se relever à côté suivant des lignes saillantes (V). *Ces mouvements* sont aujourd'hui très peu sensibles, mais ils *ont dû avoir une grande amplitude aux époques où la croûte solide était encore mince* et où le noyau igné, beaucoup plus volumineux qu'aujourd'hui, se refroidissait plus rapidement. C'est alors qu'a eu lieu l'exhaussement lent des montagnes, et c'est alors aussi que se sont produites les dépressions qu'on observe à leur pied.

132. Mais, la croûte solide étant constituée par des roches dures et cassantes, ces plissements de l'écorce terrestre n'ont pas dû se produire sans dislocation. Et comme les variations de niveau ont été surtout très prononcées aux points où les saillies du globe présentent la pente la plus rapide, c'est là aussi qu'ont dû se produire surtout les crevasses et les fissures (fig. 287) résultant de ces dislocations.

Or ces crevasses et ces fissures ne sont pas autre chose que les voies naturelles qui mettent en relation les cratères volcaniques avec le noyau igné, et l'on comprend, dès lors, comment les régions volcaniques importantes correspondent toutes aux grandes zones de dislocation du globe.

133. Pour expliquer les éruptions volcaniques, on admet que le noyau igné renferme de nombreux gaz en dissolution et que ces gaz, en se dégageant peu à peu, compriment la surface du liquide central, et le font remonter, par les fissures, jusque dans les cheminées des volcans. Les périodes de paroxysme, c'est-à-dire les éruptions violentes, seraient dues à un dégagement rapide et très abondant de gaz, semblable au *rochage* qui se produit, à un moment donné, dans la coupellation de l'argent.

Mouvements de l'écorce terrestre.

134. **Tremblements de terre.** — Les mouvements de l'écorce terrestre, bien que peu sensibles de nos jours,

ne sont pourtant pas sans importance, et se manifestent à intervalles irréguliers sous la forme de *tremblements de terre*.

Les tremblements de terre sont des ébranlements du sol, qui se produisent sous la forme de secousses plus ou moins violentes et plus ou moins prolongées. Le plus souvent ils durent à peine quelques secondes, et cessent ensuite ; mais il n'est pas rare de voir les secousses se répéter à courts intervalles pendant des mois, sans perdre rien de leur intensité. Le tremblement de terre qui ravagea l'Andalousie, le 25 décembre

Fig. 288. — Crevasses des Calabres, en 1783.

1884, se continua jusqu'au 11 avril de l'année suivante ; il fut caractérisé par un nombre considérable de secousses, dont les dernières eurent encore assez de force pour détruire plusieurs maisons.

Les violents tremblements de terre produisent en un clin d'œil les effets les plus terrifiants : le tremblement de terre de 1755 détruisit presque complètement la ville de Lisbonne et fit périr 30,000 de ses habitants ; celui de 1783 creusa dans le sol des Calabres d'immenses crevasses (fig. 288), larges de 10 mètres et profondes de 40 ; enfin le tremblement de terre de 1883 détruisit en dix secondes, dans l'île d'Ischia, plus de 1,200 maisons, et causa la mort de 2,300 personnes.

135. L'étude des tremblements de terre a montré que les secousses se produisent dans le sol à des profondeurs

relativement faibles et qu'elles s'étendent, à partir de ce *centre de translation,* comme les ondes circulaires autour d'une pierre jetée dans l'eau. Quand des ondes un peu violentes se propagent au sein de l'Océan, elles produisent à sa surface ces vagues puissantes qui, sous le nom de *ras de marée,* exercent de si grands ravages sur la côte. Un ras de marée de 20 mètres de hauteur s'abattit en 1883 sur l'île de Java ; il détruisit de fond en comble trois grandes villes et fit périr 40,000 de leurs habitants.

136. Les tremblements de terre se localisent très sensiblement sur les lignes de dislocation du globe, ou dans leur voisinage, et se présentent à nous *comme la continuation lente et affaiblie du travail d'édification des montagnes ;* ils servent, en d'autres termes, à accentuer les plissements de la croûte terrestre. Comme les dislocations dues à ces plissements sont proportionnelles à l'étendue des couches où elles se produisent, on comprend que les ruptures d'équilibre affectent surtout les couches superficielles, et que ces couches servent de centre de translation, c'est-à-dire de point de départ, à la plupart des tremblements de terre.

137. **Déplacement des lignes de rivage.** — Est-ce à des plissements lents du sol, ou à des accidents locaux particuliers, qu'il faut attribuer le déplacement des lignes de rivage sur la plupart de nos côtes ? On n'est pas bien fixé sur ce point, mais on connaît, par contre, avec suffisamment d'exactitude le sens et la durée de ces déplacements.

138. C'est un fait depuis longtemps constaté que les côtes scandinaviennes occidentales sont en voie d'émersion continue, tandis que celles de la Hollande s'affaissent lentement. On sait aussi que les colonnes du temple de Sérapis, près de Pouzzoles (fig. 289), après une immersion partielle de plusieurs siècles, ont repris peu à peu leur position primitive, et présentent encore, à 3 mètres au-dessus du sol, les traces des mollusques lithophages qui les ont perforées quand elles plongeaient dans la mer

Le littoral français n'est pas soumis à moins de vicissitudes. La Flandre, depuis le début de l'ère chrétienne, a été envahie par la mer, qui s'est retirée ensuite et qui paraît continuer son mouvement de recul. Dans l'Artois, ce mouvement de recul est très évident : la mer, qui s'arrête de nos jours à Saint-Valéry, remontait au-

Fig. 289. — Colonnes du temple de Sérapis.

trefois jusqu'à Abbeville et déposait, à une grande distance du littoral actuel, un cordon de galets aujourd'hui encore bien distinct.

139. La Normandie, le Cotentin et la Bretagne sont, au contraire, caractérisés par un mouvement progressif d'immersion : les rochers du Calvados faisaient autrefois partie de la terre ferme ; Jersey n'était séparé du Cotentin que par un ruisseau ; la baie du Mont-Saint-Michel était une lagune protégée par un cordon littoral, et l'anti-

que cité d'Ys s'élevait au lieu même où la mer forme aujourd'hui la baie de Douarnenez. Toutes ces modifications paraissent s'être produites depuis le début de l'ère chrétienne.

Une émersion continue se constate au contraire sur toute la côte depuis l'embouchure de la Loire jusqu'à celle de la Gironde, et paraît caractériser la plus grande partie du littoral français dans la Méditerranée. Inversement, la mer empiète sur la côte entre la Gironde et l'Adour : de 1816 à 1830, la pointe de Grave a reculé de 15 mètres par an, et la tour de Cordouan, qui, en 1630, était à 5,400 mètres de la côte, en est aujourd'hui distante de plus de 7 kilomètres.

CHAPITRE XXXVII

Quelques notions très élémentaires sur la constitution de l'écorce terrestre. — Terrains ignés, terrains sédimentaires.

140. Fluidité primitive de la terre. — L'étude des volcans et de la chaleur terrestre nous a permis d'établir que le globe se compose actuellement de deux zones distinctes, une croûte solide et un noyau liquide. En outre, la ressemblance frappante qui existe entre les roches ignées et les laves solidifiées des volcans nous a laissé entrevoir que ces roches avaient été, elles aussi, à l'état liquide comme les laves.

Si l'on rapproche ces deux conclusions importantes, et si l'on se rappelle ce que nous avons dit au sujet du refroidissement progressif du globe, on en arrive à cette hypothèse, admise aujourd'hui par tous, que *la terre a possédé autrefois un degré d'incandescence tel qu'elle devait tout entière se trouver à l'état de fluidité.*

141. Cette hypothèse trouve sa confirmation dans la forme même du globe terrestre. On sait, en effet, que toute sphère liquide animée, comme la terre, d'un rapide mouvement de rotation autour d'un axe central, s'aplatit aux extrémités de cet axe et se dilate dans les parties qui en sont les plus éloignées. Or, la terre présente justement la forme d'un sphéroïde aplati aux extrémités de son axe de rotation, c'est-à-dire aux pôles, et renflé dans la région équatoriale, de sorte que *sa forme témoigne manifestement de sa fluidité primitive.*

Fig. 290. — Nébuleuse.

142. **Origine du globe terrestre.** — La terre (fig. 292) est une planète, c'est-à-dire un astre obscur qui fait partie du système solaire, et qui tourne autour du soleil sous l'influence de l'attraction qu'exerce sur elle la masse puissante de ce dernier.

Le soleil (fig. 291) n'est lui-même rien autre chose qu'une étoile relativement rapprochée de nous. Comme les *étoiles,* il se compose d'une matière fluide que rend lumineuse et incandescente une température très élevée ; comme les étoiles aussi, il a passé d'abord par la phase de *nébuleuse* (fig. 290), c'est-à-dire par un état où sa matière, extrêmement peu condensée, était répandue sur un immense espace ; comme elles enfin, il est animé d'un mouvement de rotation autour d'un axe central.

Or, le calcul et l'expérience démontrent qu'une masse extrêmement fluide, quand elle est animée d'un mouvement de rotation très rapide autour d'un axe central, 1° s'élargit beaucoup dans sa région équatoriale, 2° finit par mettre en liberté, à ce niveau, des masses plus petites qui s'arrondissent à leur tour et qui tournent ensuite autour de la masse fluide centrale, comme les planètes autour du soleil.

143. On peut donc se représenter de la manière suivante l'origine de notre système planétaire, et en particulier du globe terrestre. Au début la matière, lumineuse et incandescente, était répandue à peu près uniformément dans l'espace tout entier. — Peu à peu elle se concentra, fut animée d'un mouvement de rotation autour de certains centres particuliers, et forma autant de nébuleuses (fig. 290) qu'il y avait de centres. — Puis, les né-

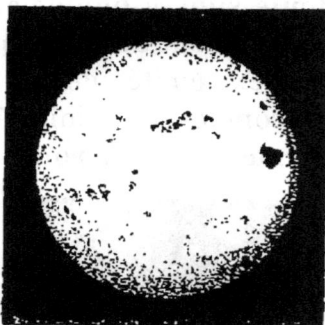

Fig. 291. — Soleil avec taches.

buleuses, se condensant autour de leur axe, acquièrent progressivement la fluidité qui caractérise les étoiles (fig. 291). C'est, probablement, durant la phase de nébuleuse que le soleil laissa échapper de sa masse la matière incandescente des planètes, et particulièrement de la terre. Mais, ces parties étant infiniment moins grandes que le soleil lui-même, leur refroidissement, et, par suite, leur condensation, fut beaucoup plus rapide; elles atteignirent rapidement la phase stellaire qui est encore celle du soleil, puis se solidifièrent à la surface, et acquirent de la sorte l'écorce obscure qui caractérise les vraies planètes (fig. 292).

Fig. 292. — La terre vue de la lune.

144. Imaginée par l'illustre Laplace, l'hypothèse précédente nous donne la clef de tous les phénomènes calorifiques dont notre globe est le siège : tous ont leur ori-

gine dans la chaleur solaire : ceux qui se manifestent au sein même de la planète, parce qu'ils puisent leur source dans une partie détachée du foyer solaire ; ceux qui agissent au dehors, parce qu'ils proviennent directement de ce foyer lui-même.

145. Formation de la croûte primitive : terrains cristallophylliens. — Les matériaux de la sphère liquide ont dû, dès l'origine, se superposer par ordre de densité, les plus légers occupant les parties les plus superficielles de la masse. Les matériaux les plus légers appartiennent essentiellement au groupe de la silice, de l'alumine et des silicates ; ils sont en même temps les plus réfractaires à la fusion, et l'on comprend qu'ils aient pris les premiers la forme cristalline, quand le refroidissement a été suffisamment intense pour amener un commencement de solidification.

Ainsi s'est formée, par cristallisation à la surface d'une masse liquide, la partie primitive de la croûte solide ; elle devait avoir très sensiblement la composition du gneiss, parce que cette roche est une des plus légères que l'on connaisse ; elle devait aussi avoir sa structure rubanée, parce que les cristaux devaient se superposer dans le bain liquide par ordre de densité.

146. La croûte primitive ainsi formée servit aussitôt de barrière entre le foyer interne sous-jacent et l'atmosphère extérieure ; le refroidissement devint immédiatement plus intense et amena la précipitation, à l'état liquide, des éléments les moins volatiles de cette atmosphère. L'océan primitif qui résulta de cette condensation supportait l'énorme pression des gaz et des vapeurs restés à sa surface ; il était très chaud, très riche en sels métalliques, notamment en chlorures alcalins, et devait par conséquent exercer des actions chimiques et mécaniques très puissantes. Il remania en effet la croûte primitive et, avec ses matériaux, donna naissance à des roches qui restèrent cristallines, mais qui prirent, jusqu'à un certain point, la structure stratifiée des roches qui se déposent au sein des eaux. C'est vraisemblablement ainsi que s'est formée la série des *roches cristallophylliennes* : gneiss (fig. 258, p. 202), micaschiste, amphiboloschiste, etc., qui constituent les terrains primitifs du globe.

147. Roches ignées. — Sous l'influence de l'énorme pression que l'atmosphère primitive exerçait à sa surface, la sphère liquide conserva, à l'état de dissolution, une partie des gaz et des vapeurs avec lesquelles elle se trou-

Fig. 293. — Volcans éteints de l'Auvergne.

vait en contact. Ces gaz et ces vapeurs restèrent emprisonnés dans son sein, après la formation de la croûte primitive ; mais le refroidissement progressif leur permit de se dégager peu à peu, de s'accumuler sous la croûte et d'exercer une pression à la surface du noyau liquide.

En même temps, grâce au refroidissement progressif, s'ébauchaient dans la croûte solide les plissements et les rides dont nous avons parlé en traitant des phénomènes volcaniques ; des crevasses et des fissures se produisirent dans les lignes de dislocation, et par ces fissures s'échappèrent au dehors, comprimés par les gaz, les matériaux

13.

les plus superficiels, et par conséquent les plus légers, du noyau liquide.

Ce furent là les premiers volcans, et les matières qu'ils émirent donnèrent, en se solidifiant, le granit, la granulite et les autres roches ignées riches en feldspath et en quartz. Depuis, avec des intermittences de durée variable, les éruptions n'ont pas cessé; ce sont elles qui ont alimenté les volcans éteints de l'Auvergne (fig. 293) dont on exploite aujourd'hui les laves; ce sont elles aussi qui fournissent de nos jours les matières vomies par les volcans.

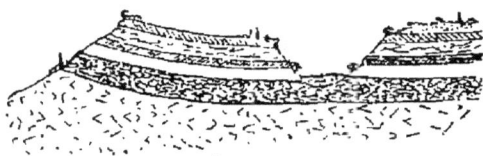

Fig. 294. — Stratification concordante.

Les *roches éruptives* (fig. 260, p. 205, M' M'', M), désignées aussi sous le nom de *roches ignées,* ne forment jamais un terrain continu; elles se présentent en coulées, filons, ou en nappes au milieu des roches cristallophylliennes ou sédimentaires, et se rencontrent principalement dans les régions les plus disloquées du globe.

Fig. 295. — Failles.

148. Terrains sédimentaires, leur arrangement. — A mesure que s'accentuait le refroidissement du globe, les vapeurs atmosphériques se condensaient de plus en plus et venaient s'ajouter à la masse de l'Océan. Celui-ci gagnait peut-être en puissance mécanique, mais, étant moins chaud et moins riche en éléments chimiques actifs, il perdit la propriété qu'il avait au début d'élaborer, avec les débris remaniés par ses eaux, des roches cristallophylliennes.

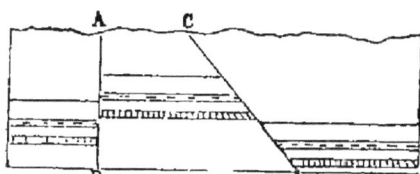

C'est alors que commença le dépôt, qui se continue encore de nos jours, des *terrains sédimentaires.* Les roches de ces terrains sont le plus souvent (grès, poudingues, schistes, marnes, certains calcaires) formées par les dé-

bris de toutes les roches préexistantes, mais beaucoup
doivent aussi leur origine à des organismes dont les
squelettes, parfois remaniés, se sont accumulés au fond
des eaux (craie, calcaires coralliens et coquilliers, etc.).

Les roches sédimentaires se sont déposées en *couches*
ou *strates* horizontales et parallèles (fig. 260, p. 205, *a*, *b*,
c, *d*, *e*), mais les mouvements du sol sont ordinairement
venus, dans la suite, leur donner une position tout autre.
Elles les ont inclinées dans une direction oblique, plissées
dans divers sens, redressées suivant la verticale ; quelquefois même le bouleversement a été tel que les couches
ont été complètement renversées, les supérieures, c'est-

Fig. 296. — Stratification discordante.

à-dire les plus récemment formées, étant alors surmontées par des couches plus anciennes.

149. Malgré ces bouleversements, certaines couches
ont pu rester parallèles dans toute leur étendue, et se
présentent, comme on dit, en *stratification concordante*
(fig. 294). Parfois alors une cassure, appelée *faille*, s'est
produite dans le massif régulièrement stratifié, et une
partie du massif a glissé contre l'autre suivant la ligne de
cassure (fig. 295); grâce à ce glissement, les couches pri-
mitivement continues se trouvent séparées, elles cessent
d'être parallèles, et la stratification paraît discordante.

150. Mais la vraie *stratification discordante* (fig. 296)
est due à une tout autre cause ; elle a pour origine la
formation de dépôts (A et B) sur des couches (1, 2, 3, 4)
que les mouvements du sol avaient préalablement dérangées de leur position primitive. Dans ce cas, comme dans
celui d'une faille, on se trouve en présence de deux grou-

pes non parallèles de couches; mais l'un de ces groupes
est postérieur à l'autre quand la stratification est vraiment
discordante, tandis que les deux groupes sont *synchroni-*
ques, c'est-à-dire du même âge, dans le cas d'un massif
traversé par une faille.

151. Destinée probable du globe. — Ainsi peut être
reconstituée, à l'aide de l'observation et de l'hypothèse,
l'histoire probable du globe, depuis les temps où la
matière était disséminée dans l'espace, jusqu'à la période que nous traversons aujourd'hui. Nous sommes
remontés bien loin, mais gardons-nous de croire que
nos explications nous donnent la clef de l'origine des
choses, ne fût-ce que de notre planète, si petite et comme
perdue dans l'immensité de l'univers.

En réalité, nous nous heurtons partout à l'inconnu.
Quelle est l'origine de cette matière, autrefois partout
disséminée, aujourd'hui condensée dans les astres ? D'où
vient la chaleur qui l'anime et la puissance d'attraction
qui la met en mouvement ? Comment enfin cette substance,
en apparence inerte, a-t-elle pu grouper ses molécules
pour en former des êtres vivants ? A cette question,
comme à bien d'autres, nous ne pouvons faire de réponse,
et notre ignorance s'incline devant la Puissance supérieure, *Cause première* de tout ce qui existe, que les
hommes ont appelée Dieu.

152. De nos jours, la terre est le siège de phénomènes
physiques et de phénomènes vitaux. Les *phénomènes phy-*
siques sont de deux sortes : les uns internes et produits
par la chaleur centrale, les autres externes et produits par
cette forme spéciale de l'attraction qu'on appelle la pesanteur. Les premiers tendent continuellement à exagé-
rer les saillies de la croûte solide ; les seconds tendent,
au contraire, à niveler de plus en plus cette croûte, en
entraînant dans les dépressions les matériaux des hauteurs.

Quant aux *phénomènes vitaux,* ils ont leur source évi-
dente dans la chaleur solaire et prendront fin avec elle.

Cette fin n'est point proche encore, mais, dit M. de Lapparent, il n'est pas impossible de l'entrevoir :

« Le soleil, dont la condensation est déjà très avancée, ne trouvera bientôt plus, dans le rétrécissement de son diamètre, une source suffisante pour l'entretien de sa chaleur, et à sa surface apparaîtront de larges taches, destinées à se transformer en une écorce obscure. Le jour où l'extinction de l'astre central sera consommée, nulle réaction physique ou physiologique ne pourra plus s'accomplir sur notre terre, alors réduite à la température de l'espace et à la seule lumière des étoiles. Mais peut-être, avant d'en arriver là, aura-t-elle déjà perdu ses océans et son atmosphère, absorbés par les pores et les fissures d'une écorce dont l'épaisseur s'accroît chaque jour. »

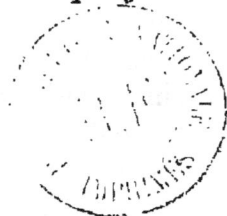

TABLE DES MATIÈRES

ZOOLOGIE

BOTANIQUE

CHAPITRE XXXV

CHAPITRE XXXVI

CHAPITRE XXXVII

SOCIÉTÉ ANONYME D'IMPRIMERIE DE VILLEFRANCHE-DE-ROUERGUE
Jules BARDOUX, Directeur.

PETIT ATLAS DE GÉOGRAPHIE GÉNÉRALE

renfermant 25 cartes précédées de notices statistiques

*Superficies, mesures, populations, voies de communication
lignes télégraphiques, câbles, courants
température, altitudes, budgets, armées, flottes, monnaies, etc.*

FORMAT DE POCHE

1 volume in-8° écu, avec cartonnage, toile souple, fers spéciaux
tranches rouges . . . . **3** fr.

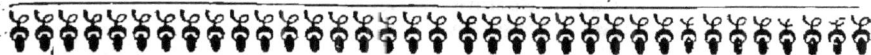

CINQ CARTES DE FRANCE

ET

DES COLONIES FRANÇAISES

Extraites de l'*Atlas classique* de MM. NIOX et DARSY

1° **CARTE GÉNÉRALE DE LA FRANCE** in-folio au $\frac{1}{2\,000.000}$.

2° **France.** — **Relief du sol,** au $\frac{1}{4.000.000}$.

3° **France.** — **Anciennes provinces,** au $\frac{1}{4.000.000}$.

4° **Algérie et Tunisie.** — **Cochinchine et Tonkin.**

5° **Colonies françaises d'Afrique et d'Asie.**

AVEC UN TEXTE CORRESPONDANT

Pliées in-4, sous une couverture. Prix, **1** *fr.* **25**

DICTIONNAIRE GÉNÉRAL
DE LA LANGUE FRANÇAISE
DE BIOGRAPHIE, DE MYTHOLOGIE ET DE GÉOGRAPHIE
Par MM. GUÉRARD et SARDOU
SEIZIÈME ÉDITION

rendue conforme à la dernière édition du Dictionnaire de l'Académie
1 vol. in-18, relié percaline . . . . 1 fr. 90

Ce dictionnaire contient : 1º tous les termes littéraires et ceux du langage usuel, avec leur sens propre et leur sens figuré ; 2º un vocabulaire des principaux termes usités dans les sciences et dans les arts ; 3º un *Dictionnaire biographique et mythologique*, ou dictionnaire des noms propres, de grands personnages, de divinités fabuleuses, de personnes qui ont marqué dans l'histoire ou qui se sont illustrées dans les lettres, dans les sciences ou dans les arts ; 4º un *Dictionnaire de géographie ancienne et moderne*, il indique : 1º la prononciation figurée dans les cas exceptionnels ou douteux ; 2º les étymologies propres à déterminer et à rappeler le sens précis des termes scientifiques, et terminé par une liste de citations ou locutions latines, italiennes ou anglaises, le plus fréquemment employées par les Français dans leurs conversations ou dans leurs écrits.

✝✝✝✝✝✝✝✝✝✝✝✝✝✝✝✝✝✝✝✝✝✝✝✝✝✝✝✝✝✝✝✝✝✝✝

Cours de Lecture Expressive
Par LÉON RICQUIER
Président de la Société de Lecture et de Récitation

Lecture expressive à l'usage de toutes les écoles. Recueil de morceaux choisis de prose et de vers avec de nombreuses annotations sur le ton, l'inflexion, l'accent et la manière de phraser.

Petit cours. In-12, cart. . . . » 90
Cours moyen. In-12, cart. . 1 25
Cours sup. In-12, cart. . . 1 75

Méthode de lecture et de récitation. In-12, cart. 1 20

Lectures et récitations pour les enfants de 6 à 10 ans, avec de nombreuses annotations sur le ton, l'inflexion, l'accent et la manière de phraser. In-12, cart . . . . » 90

Cours de lecture à haute voix des écoles normales primaires, professé à l'École normale de la Seine, ouvrage rédigé conformément aux nouveaux programmes. In-12, broché 1 50
Le même, cart . . . . 2 »

Contes, poésies, récits, nouvelles en prose et en vers, morceaux à dire dans les concerts, salons, soirées, réunions scolaires, distributions de prix, choisis dans Victor Hugo, Lamartine, A. de Musset, A. Daudet, E. Manuel, Nadaud, F. Coppée, J. Normand, V. Sardou, etc., avec de nombreuses annotations sur le ton, l'inflexion, l'accent et la manière de phraser. In-12, br 2 50

Scènes classiques et moder-nes, à 2, 3 et 4 personnages, et **Monologues**, extraits des œuvres de Molière, Regnard, Boursault, V. Hugo, Th. Gautier, A. de Musset, E. Augier, E. Labiche, V. Sardou, Th. Barrière, J. Claretie, E. Manuel, J. Normand, A. de Launay, Grenet-Dancourt, avec de nombreuses notes sur la manière de dire et de jouer ces scènes et ces monologues, à l'usage de la jeunesse, pour les salons, les concerts, les établissements scolaires et les réunions publiques. In-12, broché 3 50

Lecture et récitation des auteurs classiques, avec notices biographiques, piqûres in-12, chacune. . . . . » 10

A. Chénier. — Boursault.
Beaumarchais.
Bossuet.
Chateaubriand. — Mme de Staël.
Corneille.
Casimir Delavigne.
La Bruyère.—Pascal.—Malherbe.
Molière.
Molière. — Boursault.
Montesquieu. — Saint-Simon.
Racine.
Regnard.
J.-B. Rousseau.— L'abbé Fleury.
J.-J. Rousseau.- Buffon.- Florian.
Sedaine. — Lamennais.
Mme de Sévigné. — Mme de Maintenon.
Voltaire (2 fascicules.)